FENGLI FADIAN JIZU YUNWEI
ZHIYE JINENG JIAOCAI

风力发电机组运维
职业技能教材

新疆金风科技股份有限公司　组织编写

初级

知识产权出版社
全国百佳图书出版单位
— 北京 —

编 委 会

前　言

碳达峰和碳中和目标的提出,是党中央、国务院应对国内外经济发展环境和能源转型发展趋势做出的重大战略决策,也是中国贯彻新发展理念、构建新发展格局、推动高质量发展的内在要求,体现了中国政府走绿色低碳发展道路的坚定决心,更彰显了中国主动承担应对气候变化国际责任、推动构建人类命运共同体的大国担当。

中国政府明确提出,到2030年,我国风电、太阳能发电总装机容量将达到12亿千瓦以上,全社会将以更大的决心和力度加快推进能源结构向清洁低碳方向的转型。提高可再生能源消费比例,在规模上已经领跑全球的中国新能源产业,正在为中国经济的转型发展创造新的机遇和前景。

新能源技术人才的培养和发展是支撑"双碳"目标实现的核心举措之一。近年,国家大力发展职业教育,推进职业教育改革,提高职业教育质量,增强职业教育适应性,鼓励产教深度融合,这使得职业学校教育和职业培训并重、服务全民终身学习的现代职业教育体系得以建立。顺新能源行业发展的潮流,应职业教育发展风力发电机组运维人才培养的需要,在产教深度融合、协同驱动的背景下,本书得以编写并出版。

本书专为风力发电机组初级运维岗位工作人员而设计,旨在帮助读者掌握风力发电机组的基本工作原理、个人安全防护方法、机械类和电气类维护常用工器具使用方法、机组各系统的定检等核心岗位技能。全书以当前行业主流机型的八大系统运维项目为框架,精选26个核心运维任务为支撑,集读、训、练等功能为一体,以满足初级风电运维人才的基本技能训练。为方便读者使用,本书采用了活页式装订。

本书以新疆金风科技股份有限公司《风机运维操作指导手册》为核心参考材料,主要编写工作由专业院校一线教师完成,同时还邀请10余位风电行业运维专家为编写工作进行指导和审核。本书可作为风力发电工程技术、新能源装备技术(风电方向)等专业的教材,也可作为风力发电机组运维人员的训练教材。

本书由新疆金风科技股份有限公司组织编写，酒泉职业技术学院、郑州电力高等专科学校、宣化科技职业学院、包头轻工职业技术学院共同编写。其中，北京金风慧能科技有限公司西北区域公司王鹏飞、杨伟与酒泉职业技术学院程明杰、白忠明、郑伟主要负责编写项目一和项目二;;北京金风慧能科技有限公司华东区域公司崔斌斌、吴纪春与郑州电力高等专科学校许海园、魏顺航负责编写项目三和项目四;北京金风慧能科技有限公司华北区域公司王忠伟、胡月灿与宣化科技职业学院刘睿哲、别见见负责编写项目五和项目六;北京金风慧能科技有限公司中西区域公司李志洋、杨学刚与包头轻工职业技术学院程巩真、张玉杰、呼吉亚、王泽负责编写项目七和项目八。

由于编者水平有限，编写过程中难免有疏漏和不足之处，欢迎广大读者和专家提供宝贵意见和建议。

《风力发电机组运维职业技能教材》编委会

目　录

项目一

叶轮定期维护

目　录

任务1 电动变桨定期维护

◆ 1 任务目标

(1)清晰了解机组叶轮的结构。

(2)掌握电动变桨定期维护的实际操作技能。

◆ 2 任务说明

(1)能够依据机组检修和维护工作的要求,对超级电容的性能进行测试,并对异常电容进行更换。

(2)能够依据机组检修手册和作业维护指导书对齿形带频率进行测试,并能够调整不合格齿形带。

(3)能够使用手动力矩扳手校验变桨电机和变桨减速器的连接螺栓,要求力矩误差不得超过±5%。

(4)能够对电动变桨系统的0°、3°、89°进行位置校验并调整位置,使之符合手册要求。

(5)能够根据作业维护指导书维护通信滑环。

◆ 3 工作场景

电动变桨定期维护工作场景如图1.1所示。

图1.1 电动变桨定期维护工作场景

第一部分　格物致知

★★★　通过本部分学习应该掌握以下知识:

(1)掌握电动变桨系统的结构。

(2)掌握电动变桨主要零部件的功能。

◆　电动变桨系统的结构及功能

电动变桨系统是指变桨型机组在运行过程中,通过改变叶片的桨距角进行功率调节的机组系统子系统。电动变桨系统有如下3个功能:

(1)当风速小于额定风速时,调整叶片的角度,使风力发电机组捕获最大风能。

(2)当风速大于额定风速时,调整叶片角度,控制风力发电机组的转速和功率,维持机组工作在额定功率。

(3)当满足停机条件时,变桨系统开始向安全停机位置顺桨,起到气动刹车的作用。

电动变桨系统一般由变桨控制柜、变桨轴承、变桨电机、变桨减速器、变桨齿形带等部件组成,如图1.2所示。

图1.2　电动变桨系统结构

1.变桨控制柜;2.变桨轴承;3.变桨电机;4.变桨减速器;5.变桨齿形带

◆　1　变桨控制柜

变桨控制柜由三个柜子组成,每个柜子都是一套独立的控制系统,完成对单支叶片的角度控制与调节。主控发出的控制指令及其他信号通过机舱柜,经过滑环传到3个变桨控制器,由变桨控制器控制变桨逆变器驱动变桨电机,从而带动叶片转动,实现叶片角度控制,如图1.3所示。

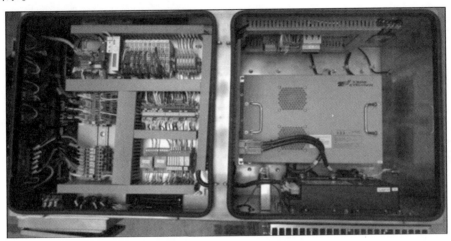

图1.3 GW2S机组变桨控制柜

变桨控制柜内包含变桨充电器(图1.4)、变桨逆变器(图1.5)、变桨超级电容(图1.6)、变桨控制器(图1.7)等元器件。

变桨充电器主要用于将机舱传输至轮毂内的400V交流电转化为85V直流电(根据机型不同,充电器的输出电压有所不同),一方面给超级电容充电,另一方面给变桨逆变器提供电源,同时还给变桨控制柜内的其他元器件提供24V电源。

变桨逆变器主要用于将变桨充电器输出的85V直流电转化为49V交流电,向变桨电机提供电源,驱动变桨电机实现向0°和90°方向变桨。变桨逆变器输出电压为三相49V交流电,最大输出电流为400A,额定功率为9kW。

变桨超级电容在电动变桨系统中用作后备电源。在出现电源故障或其他紧急情况时(如变桨充电器无法提供85V直流电时),由变桨超级电容作为备用电源向变桨逆变器和变桨控制器供电,保证叶片能够完成顺桨,使叶轮实现气动刹车,保障机组的安全。

变桨控制器是由可编程逻辑控制器构成的模块组,分别实现对每个叶片的变桨控制。变桨PLC的作用是接收主控系统发出的命令,并向主控系统发送变桨系统的状态及故障信息。当接收主控系统的指令后,对变桨电机驱动器发出控制信号,驱动变桨电机动作。变桨控制器安装在变桨控制柜中,如图1.7所示,构成变桨控制器的模块清单见表1.1。

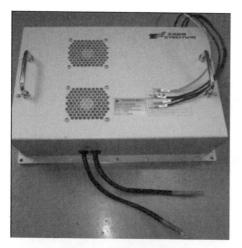

图1.4 变桨充电器

图1.5 变桨逆变器

图1.6 变桨超级电容

图1.7 变桨控制器

表1.1 变桨控制器组模块清单

名称	型号	标识
控制器	BX3100	9A1
四通道开关量输入	KL1104	9A2、9A3、9A4、9A5、9A6
八通道开关量输出	KL2408	9A7、9A8
四通道模拟量输入(−10~+10V)	KL3404	9A9
SSI编码器模块	KL5001	9A10
四通道模拟量输入（PT100)	KL3204	9A11
一通道模拟量输出(0~10V)	KL4001	9A12
总线终端	KL9010	9A13

◆ 2 变桨电机

变桨电机主要为叶片角度的调整提供动力。

每套变桨系统都通过电缆连接到变桨电机,通过变桨电机驱动与叶片连接的备件轴承动作,从而改变叶片的桨距角。每个变桨电机内部都有一个旋转编码器,旋转编码器的作用是测量叶片的位置及叶片的运转速度,旋转编码器安装在散热风扇及电机之间。变桨电机的外形如图1.8所示。

◆ 3 变桨减速器

变桨减速器的作用是将变桨电机输出的高转速、低扭矩的动能转化为低转速、高扭矩的动能,从而可以驱动重量较大的叶片转动。变桨减速器的外观如图1.9所示。

图1.8 变桨电机

图1.9 变桨减速器

◆ 4 变桨齿形带

变桨齿形带用于传递变桨减速器输出轴的力矩,将变桨减速器的力矩传递给轴承外圈,以此使叶片的角度跟随主控系统的控制而变化。变桨齿形带如图1.10所示。

◆ 5 变桨传感器

变桨传感器包含3°接近开关、89°接近开关和92°限位开关。接近开关又称无触点行程开关,它能在一定的距离(几毫米至几十毫米)内检测有无金属物体靠近,当物体与接近开关小于设定距离时,接近开关就可以发出"动作"信号,该动作是一种开关信号(高电平或者低电平)。限位开关能够完成限位保护,其工作原理和按钮相同。3°接近开关主要用于旋转编码器叶片角度位置的校验,89°接近开关主要用于校验停机位置,92°限位开关主要用于安全保护——保护齿形带不会在变桨系统异常时被拉断。变桨传感器如图1.11所示。

图1.10　变桨齿形带

图1.11　变桨传感器

【小贴士】

　　随着风电机组的整体结构、各部件体积增大,其承受的负载也增大,因此,实现降低不平衡载荷的变桨系统越发受到全球各大风电厂商,如通用电气、维斯塔斯、西门子等的重视。相关技术在世界范围内申请了大量的相关专利。全球最具实力的风电厂商不约而同地进入中国,申请了大量变桨系统专利,构筑了一道道技术壁垒,为我国风电行业技术创新设置了很多障碍。

第二部分　知行合一

　　★★★　通过本部分学习应该掌握以下技能:

　　(1)能够使用手动力矩扳手校验变桨电机和变桨减速器连接螺栓,要求力矩误差不超过±5%(不考虑工具本身误差)。

　　(2)能够根据机组检修和维护标准,正确使用张力测试仪测量变桨系统齿形带的频率。若不在范围内,能够根据齿形带预紧技术规范正确地调整齿形带频率。

　　(3)能够依据机组检修和维护要求,正确地测试超级电容是否可以将叶片顺桨到安全位置。

　　(4)能够按照机组检修和维护标准,正确操作变桨系统进行叶片清零、发电位置接近开关、安全位置接近开关、限位开关等传感器位置的检验。

　　(5)能够根据作业维护指导书维护通信滑环。

◆ 1 安全规定

(1)在各机型要求的安全风速下登塔作业。

(2)在轮毂内部寻找安全合适的位置存放工具和部件。

(3)作业人员在作业过程中应待在一个安全适当的位置。

(4)废弃物处理应遵照当地法律法规,避免造成环境污染。

(5)操作油脂加注枪时,应合理使用工具,避免误伤自己和其他人员。

(6)油脂加注过程中,应避免将油脂溅入口鼻、眼睛中。

(7)操作过程中应戴好劳保手套等防护用品,防止夹伤。

(8)风速超过11m/s时,严禁锁定叶轮。

(9)变桨操作前,必须确认变桨机构行程内人员无机械伤害风险后方可操作。

(10)必须严格按照操作步骤进行操作,严禁私自改变操作顺序。

◆ 2 工具及耗材

电动变桨定期维护所需工具及耗材见表1.2。

表1.2　电动变桨定期维护所需工具及耗材

序号	工具/耗材	规格/型号	数量
1	油脂加注枪		3把
2	内六方扳手		1套
3	抹布		若干
4	铲子		1把
5	开口扳手	13mm	1把
6	张力测试仪		1个
7	力矩扳手	340N·m	2把
8	橡皮锤		1把
9	套筒	24mm	2个
10	开口扳手	24mm	3把
11	柜体钥匙		1把
12	网线		1条
13	笔记本电脑		1台
14	直尺		1把
15	内六角扳手		1套
16	塞尺		1组

续表

序号	工具/耗材	规格/型号	数量
17	金丝触点喷剂	SAF Art.-Nr.418000010	1瓶

◆ 3 操作步骤

◆ 3.1 停机维护

(1)按下主控柜上面的停机按钮,等待风机切换至停机状态。

(2)旋转主控柜上面的维护钥匙至维护模式,等待并网指示灯熄灭,网侧断路器断开后方可登机操作。主控柜停机按钮及维护钥匙如图1.12所示。

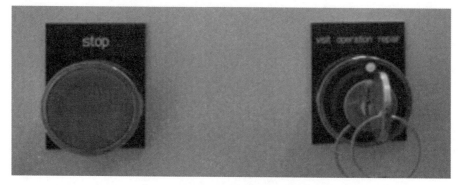

图1.12 主控柜停机按钮及维护钥匙

◆ 3.2 锁定叶轮

(1)进行叶轮刹车,对准定子侧锁定销及转子侧锁定销孔,详细步骤如下。

①观察叶轮锁定销旁观察窗内发电机定子侧箭头标识与转子标识状态。

②两个标识将要对准时按下维护手柄"刹车"按钮并保持。

③观察叶轮锁定销旁观察窗内发电机定子侧箭头标识与转子标识状态。

④若未完全对准时需要松开"刹车"按钮,重新对准标识。

观察窗及操作手柄如图1.13所示。

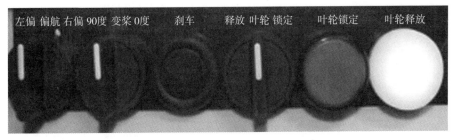

图1.13　叶轮锁定观察窗及操作手柄

（2）两个标识完全对准时拨动叶轮锁定旋钮至"锁定"状态，通过止退销孔观察锁定销状态。锁定销缓慢向内插入锁定销孔后旋入止退销。叶轮锁定状态如图1.14所示。

图1.14　叶轮锁定状态

（3）进入网页监控面板，打开"主要信息"查看"叶轮锁定状态"。锁定后"叶轮锁定1"及"叶轮锁定2"为"true"。操作手柄"叶轮锁定"亮指示灯。网页监控面板显示叶轮锁定状态如图1.15所示。

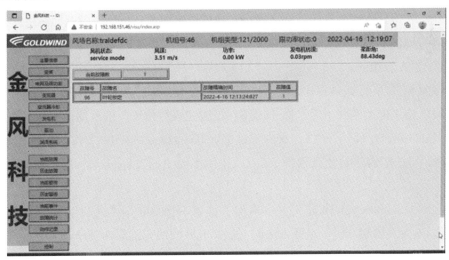

图1.15　网页监控面板显示叶轮锁定状态

◆ 3.3 齿形带频率的测量

齿形带的预紧力通过测量齿形带长边位置频率(图1.16)间接得出,齿形带频率测量仪如图1.17所示。

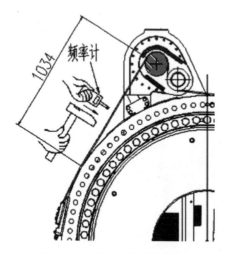

图1.16 测量齿形带长边频率

图1.17 齿形带频率测量仪

◆ 3.3.1 齿形带频率测量仪的使用步骤

红外张力测试仪的开机与设置(超声波不用设置,开机后即可使用)。

(1)轻按"on/off"键开机,进入测量模式。

(2)轻按"L"键由测量模式进入皮带长度设置模式,设置皮带长度。短按向上箭头,百分位数值增大,短按向下箭头,百分位数值减小。长按向上箭头,十分位数值等间隙持续增大,长按向下箭头,十分位数值等间隙持续减小。数值设置完成后按回车键返回测量模式。

(3)轻按"kg/m"键进入质量设置模式,设置皮带单位长度的质量,数值设置方法与皮带长度数值设置方法相同。

(4)测量模式下直接按回车键进入显示模式,在显示"Display Hz/N"时按回车键进入单位选择模式,使用向上或向下键选择Hz或N。设置完成后按回车键返回命令行。

(5)显示"Display Hz/N"时按一次向下键进入"Language selection",按回车键进入语言选择模式,使用时"F"键进行语言选择,完成后按回车键返回"Language selection"(语言选择)显示。

(6)显示"Language selection"时按一次向下键进入"Sensitivity",按回车键进行单位制(SI为国际制,US为美国制)选择,选择方法同上。完成后按回车键返回"Sensitivity"。

(7)显示"Sensitivity"时按一次向下键进入"Exit menu",按回车键即退出显示模式进入测量模式。

◆ 3.3.2 齿形带频率测量的操作步骤

（1）齿形带安装及预紧须在叶片锁定状态下进行，如图1.18所示。检查齿形带安装是否正确。

（2）齿形带预紧时，必须松开变桨电机制动器。将测头置于距离齿形光滑面外侧3～20mm处，张紧轮如图1.19所示。

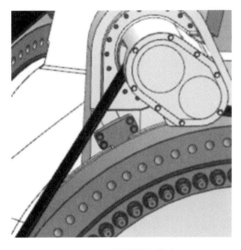

图1.18 叶片锁定状态

图1.19 张紧轮

（3）使用橡胶锤轻击测头所在位置齿形带的齿形面，当仪器发出警告声时，停止敲击并读出频率数值。敲击位置分别在齿形带长边和短边的中间，以及1/4等分点、3/4等分点。取这3点的平均值，即为该段齿形带振动频率。如果频率在表1.3所示范围内，本次测量结束，否则进行下一步操作。

表1.3 预紧力和频率要求 　　　　　　　　　　　　　单位：Hz

齿形带品牌	长边频率	短边频率
固特异	110±4	308
麦高迪	89±3	248
盖茨	118±4	356

（4）用力矩扳手松开张紧度调节滑板上的6颗压紧螺栓。通过调整张紧度调节螺栓调整齿形带（图1.20）的张紧度，调整张紧度在合适范围内，然后用力矩扳手拧紧压紧螺栓。然后进行步骤（2）和（3）操作。

图1.20　齿形带压板

◆　3.4　超级电容的测试

超级电容的测试操作步骤如下。

(1)用柜体钥匙打开1#变桨柜门,注意将变桨柜门打开后放置在固定可靠的位置,防止柜门掉落误伤工作人员。

(2)首先将1#变桨系统切换至手动状态,随后按下强制手动按钮,按钮灯亮后,变桨系统成功切换至强制手动状态。

(3)将1#变桨柜变桨充电器400V交流动力电源断开,从而切断变桨超级电容供电电源,保证变桨超级电容处于断电状态。

(4)拨动手动变桨旋钮至"F"位置(图1.21),持续手动变桨,直至1#变桨系统显示叶片角度为3°时停止。然后拨动手动变桨旋钮至"B"位置(图1.22),持续手动收桨,观察网页监控面板显示叶片角度为45°左右时,将变桨模式切换为自动模式。则1#变桨系统自动收桨。

(5)观察叶片能否顺桨至约89°,并通过电脑网页监控面板记录此时超级电容的电压(图1.23)。

图1.21　手动变桨旋钮"F"位置

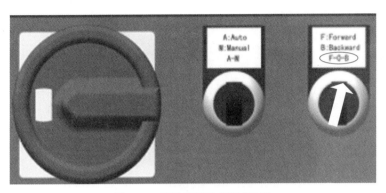

图1.22　手动变桨旋钮"B"位置

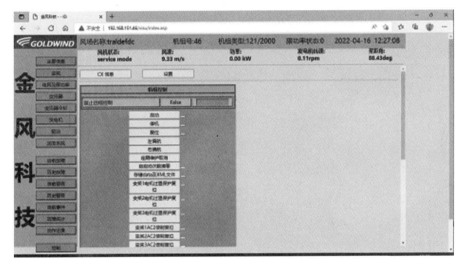

图1.23　网页监控面板

（7）合上1#变桨柜变桨充电器400V动力电源开关,记录充电达到标准电压(初始电压)的时间,看此时间是否小于10min。若充电时间小于10min,则该超级电容正常。

（8）2#、3#变桨超级电容测试步骤与1#相同。逐支检查3支叶片,每次只允许操作单支叶片,且另2支叶片处于89°安全顺桨位置,严禁同时操作2支或3支叶片。

注意:运行满8年的机组,建议更换超级电容;运行满10年的机组,必须更换超级电容。

◆　3.5　旋编清零

旋编清零操作步骤如下。

（1）首先将1#变桨系统切换至手动状态,随后按下强制手动按钮,将1#变桨系统切换至强制手动状态,待按钮灯亮后,变桨系统成功切换至强制手动。

（2）拨动手动变桨旋钮至"F"位置,使桨叶向0°方向变桨。并实时观测变桨位置,当叶片角度接近3°时,点动变桨。同时观察变桨轴承机械零刻线和叶片0位刻度线是否对齐,为保证观察准确,观察过程中可使用直尺确认刻度线对齐(图1.24)。

13

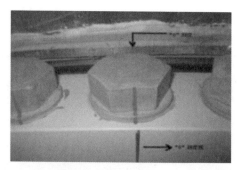

图1.24 变桨轴承机械零刻线和叶片0位刻度线对齐

(3)当叶片的0位与变桨轴承的机械零刻线对齐后,停止变桨,并按住旋编清零按钮持续3s,待按钮指示灯变亮则表示叶片角度已经清零,观察网页监控"变桨"界面1#叶片角度,确认编码器已经清零(图1.25)。

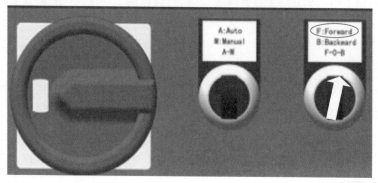

图1.25 网页监控"变桨"界面

(4)拨动手动变桨旋钮至"B"位置,向90°方向变桨(图1.26)。

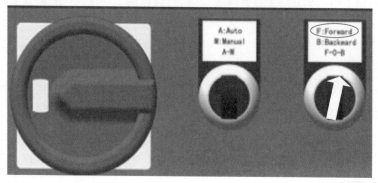

图1.26 手动变桨旋钮"B"位置

（5）当叶片角度在网页监控界面3°±0.1°范围时，停止变桨。同时，使用塞尺测量触发面与挡块间隙（图1.27），在3°位置时距离应为（2.2±0.2）mm。调整接近开关在长条孔内的位置，使接近开关处于刚刚触发的位置（尾部灯亮），并紧固接近开关。

图1.27　塞尺测量触发面与挡块间隙

（6）调整完3°接近开关后，拨动手动变桨旋钮至"B"位置。叶片角度在网页监控界面89°±0.3°范围时，停止变桨。调整89°接近开关位置。通过塞尺测量触发面与挡块平面距离，应为（2.2±0.2）mm。调整接近开关在长条孔内的位置，使接近开关处于刚刚触发的位置（尾部灯亮），并紧固接近开关。

（7）拨动手动变桨旋钮至"B"位置。当叶片角度在网页监控界面92°±1°范围时，停止变桨。

（8）调整限位开关螺栓，确保挡块滑过时限位开关的接触头能顺利伸缩。调整完成后紧固好限位开关螺栓。调节过程中须严防92°限位开关被挡块撞坏。

（9）拨动手动变桨旋钮至"F"位置，向0°方向变桨。叶片角度在网页监控界面约60°时，停止变桨。随后，拨动控制盒内模式选择旋钮至"自动"位置。此时，强制手动按钮灯熄灭。叶片收桨动作直至89°接近开关点亮。

（10）同时观察网页监控面板上的变桨速度值和给定速度值，变桨速度与给定速度值误差应小于0.05°/s，若误差较大，则变桨系统有问题。

（11）2#、3#变桨旋编清零步骤与1#相同。逐个检查3支叶片，每次只允许操作单支叶片变桨系统，严禁同时操作2支或3支叶片。

◆　**3.6　维护通信滑环**

维护通信滑环操作步骤如下。

（1）使机组处于维护状态，滑环断电并检查滑环外壳等零部件，确认是否有腐蚀现象。

（2）拆下滑环连接器。检查各电缆接头,确认是否出现松动现象(图1.28)。

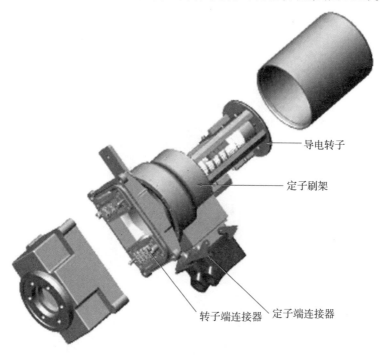

导电转子

定子刷架

转子端连接器　　定子端连接器

图1.28　通信滑环连接器位置

（3）拆除滑环上的支撑杆,转动滑环定子。检查轴承是否有异响、振动等现象,检查各密封圈、密封垫是否有损坏。

（4）在从轮毂仓内拆下的滑环的底部垫上干净的珍珠棉或其他替代物,旋转滑环转子,无异响,无卡滞现象即为良好。

（5）使用10#扳手(M6)拆卸变桨滑环前后盖板(图1.29)。检查滑道、电路板、加热器、线路及固定螺栓是否有损坏、松动等问题。电路板、加热器的固定螺栓若松动,必须拧紧并画止松线。对于线路松动,必须重新进行安插。

图1.29　拆卸变桨滑环前后盖板

（6）使用清洗剂对刷丝和环表面进行清理并对刷丝和环表面喷洒保护剂。

（7）用万用表检测滑环通断情况，确保各滑环通道良好，并检查橡胶垫是否可用（如果不可用须立刻更换新橡胶垫），然后安装前后盖板紧固螺栓。

（8）最后，恢复机组安装并进行电气连接之后的运输与存储。

◆ 3.7　整理及恢复现场

◆ 3.7.1　收拾工具

清点带入现场的工具，确保没有工具落在现场。

◆ 3.7.2　打扫卫生

检查工作现场，打扫卫生，确保无垃圾遗留。

◆ 3.7.3　松叶轮

（1）拨动叶轮锁定旋钮至"释放"状态，通过止退销孔观察锁定销状态。锁定销缓慢向外退出锁定销孔后停止。

（2）进入网页监控面板，打开"主要信息"查看"叶轮锁定状态"。锁定后"叶轮锁定1"及"叶轮锁定2"为"False"。操作手柄"叶轮锁定"指示灯熄灭（图1.30）。

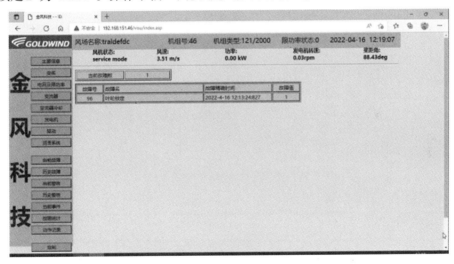

图1.30　网页监控面板显示叶轮锁定状态

（3）松开维护手柄"刹车"按钮。

◆ 3.7.4　消除故障启机

通过网页监控面板检查风机是否有故障，若无故障，恢复机组启动。

第三部分　学以致用

问题1.简述变桨系统叶片清零的操作步骤。

问题2.详细描述滑环维护过程中的注意事项。

问题3.简述张力测试仪的使用方法。

参考资料

[1]金风2.XMW产品线整机调试手册(通用版).

[2]GW-14FW.0487金风2.XMW系列风力发电机组全生命周期维护手册·陆上.

[3]金风1.5MW风力发电机组SCHLEIFRING滑环安装维护说明.

[4]GW 20100.4-2012金风MW机组现场齿形带预紧技术规范(适用于2.5MW和3.0MW机组)-A0-服务.

[5]QJF 2JY1500.120-2009GW2S机组齿形带张紧度测试作业指导书.

任务2　变桨轴承定期维护

◆　1　任务目标

（1）清晰了解变桨轴承的结构。

（2）掌握变桨轴承定期维护的实际操作。

◆　2　任务说明

（1）能够使用强光手电检查出变桨轴承内外圈侧面、断面的裂纹缺陷，并正确描述裂纹位置、长度及宽度。

（2）能够使用电动加脂泵向变桨轴承内部加注油脂，要求加脂量误差≤±0.1L。

（3）能够根据机组叶轮系统维护操作指导书，对变桨轴承齿圈进行清洁和涂抹润滑油脂，要求操作规范。

（4）能够使用液压力矩扳手和套筒、液压螺栓拉伸器，对变桨轴承力矩进行校验，力矩误差不得超过±5%（不考虑工具本身误差）。

◆　3　工作场景

变桨轴承定期维护工作场景如图2.1所示。

图2.1　变桨轴承定期维护工作场景

第一部分　格物致知

★★★　通过本部分学习应该掌握以下知识

(1)掌握变桨轴承的结构。

(2)掌握变桨轴承主要零部件的功能。

◆　变桨轴承的结构及功能

变桨轴承是风力发电机上把叶片和轮毂连接到一起,并能支持叶片变桨的轴承。变桨轴承采用深沟球轴承。深沟球轴承主要承受纯径向载荷,也可承受轴向载荷,承受纯径向载荷时,接触角为零。其主要作用是连接叶片和轮毂,连接GW2S机组变桨轴承的外圈和叶片、内圈和轮毂。变桨轴承的结构如图2.2所示。

图2.2　变桨轴承的结构

1. 内圈; 2. 外圈; 3. 密封圈; 4. 安装孔; 5. 滚珠; 6. 保持架

【小贴士】

　　风电轴承是风机的核心部件,它主要由主轴轴承、变桨轴承、发电机轴承等五大部件构成。其中,主轴轴承国产化是供应痛点,长期受制于海外供应商。其设计难度高、须抗强冲击,且对使用寿命要求高(长达30年)。2020年,中国企业实现风电主轴国产化,达到量产,且价格至少比国外低30%。国产主轴轴承核心竞争力在于:①拥有无软带淬火设备(全世界仅5台);②自制锻件调整配方。

第二部分　知行合一

★★★　通过本部分学习应该掌握以下技能:

（1）能够使用强光手电检查出变桨轴承内外圈侧面、断面的裂纹缺陷，并能正确描述裂纹位置、长度及宽度。

（2）能够使用电动加脂泵向变桨轴承内部加注油脂；有自动加脂装置的机组，需要目测油脂罐剩余油脂量并判断油脂年消耗量，使用电动加脂泵从补脂口补充油脂。禁止拆卸顶盖补充油脂，避免空气进入后系统报润滑堵塞故障。

（3）能够使用液压力矩扳手和套筒、液压螺栓拉伸器对变桨轴承力矩进行校验，须严格按照规定力矩值进行校验，力矩误差不得超过±5%（不考虑工具本身误差）。

◆ 1 安全规定

（1）在各种机型要求的安全风速下登塔作业。

（2）在轮载内部寻找安全合适的位置存放工具和部件。

（3）作业人员在作业过程中，应待在安全适当的地方。

（4）废弃物处理应遵照当地法律法规，避免造成环境污染。

（5）操作过程中应戴好劳保手套等防护用品，防止夹伤。

（6）风速超过11m/s时严禁锁定叶轮。

（7）变桨操作前，必须确认变桨机构行程内人员无机械伤害风险后方可操作。

（8）必须严格按照操作步骤进行操作，严禁私自改变操作顺序。

◆ 2 工具及耗材

变桨轴承定期维护所需工具及耗材见表2.1。

表2.1 变桨轴承定期维护所需工具及耗材

序号	工具/耗材	规格/型号	数量
1	强光手电		1个
2	抹布		若干
3	开口扳手	13mm	1把
4	液压力矩扳手		1把
5	橡皮锤		1把
6	套筒	24mm	2个
7	液压螺栓拉伸器		3把
8	一字螺丝刀	8×200mm	1把
9	活动扳手	300mm	1把
10	尼龙棒	自制	1个
11	记号笔		各1支

续表

序号	工具/耗材	规格/型号	数量
12	钢卷尺	150mm	1把
13	相机/手机	1600万像素以上	1台

◆ 3 操作步骤

◆ 3.1 停机维护

(1)按下主控柜上面的停机按钮,等待风机切换至停机状态。

(2)旋转主控柜上面的维护钥匙至维护模式,等待并网指示灯熄灭,网侧断路器断开后方可登机操作,如图2.3所示。

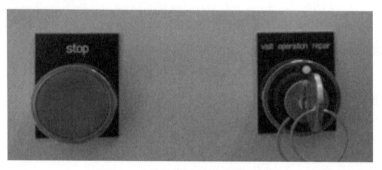

图2.3 主控柜停机按钮及维护钥匙

◆ 3.2 锁定叶轮

(1)叶轮刹车,对准定子侧锁定销及转子侧锁定销孔,详细步骤如下。叶轮锁定操作手柄及观察窗如图2.4所示。

(2)观察叶轮锁定销旁观察窗内发电机定子侧箭头标识与转子标识状态。

(3)当两个标识将要对准时按下维护手柄"刹车"按钮并保持。

(4)观察叶轮锁定销旁观察窗内发电机定子侧箭头标识与转子标识状态。

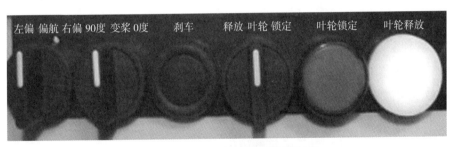

图2.4　叶轮锁定操作手柄及观察窗

（5）若未完全对准,需要松开"刹车"按钮,重新对准标识。

（6）两个标识完全对准时拨动叶轮锁定旋钮至"锁定"状态后,通过止退销孔观察锁定销状态。锁定销缓慢向内插入锁定销孔后旋入止退销,叶轮锁定的状态如图2.5所示。

（7）进入网页监控面板,打开"主要信息"查看"叶轮锁定状态"。锁定后"叶轮锁定1"及"叶轮锁定2"为"true"。操作手柄"叶轮锁定"亮指示灯。网页监控面板显示如图2.6所示。

图2.5　叶轮锁定状态

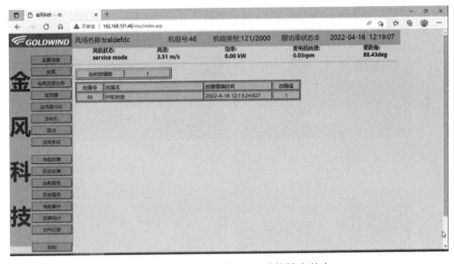

图2.6　网页监控面板显示叶轮锁定状态

◆　3.3　检查变桨轴承

检查变桨轴承内外圈侧面、断面的裂纹缺陷,并描述裂纹位置、长度以及宽度。

◆ 3.3.1　变桨轴承失效的宏观检查

（1）对变桨轴承外圈端面及外圆面可视区域进行总体观察,确认轴承外圈是否存在明显裂纹或裂缝,保证排查安全。

（2）当发现有外圈已产生裂缝时,请使用钢板尺测量裂缝宽度、完成拍照记录及其余变桨轴承外圈的宏观检查,然后终止后续检查工作。变桨轴承外圈裂缝如图2.7所示。

图2.7　变桨轴承外圈裂缝实例

◆ 3.3.2　变桨轴承失效的断面细致检查

（1）从变桨轴承零度位置开始,逐一检查变桨轴承外圈非基面(图2.8)。

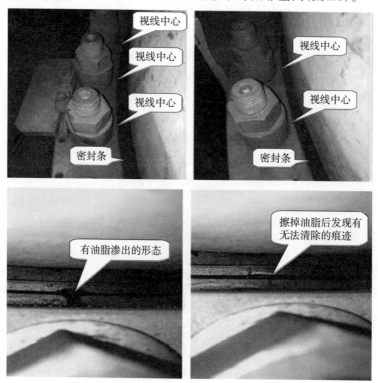

图2.8　变桨轴承失效的断面细致检查

（2）裂纹产生后最初扩展至轴承表面的区域是在轴承密封条附近,检查时视线中心应沿轴承密封条外侧区域进行。

（3）早期的裂纹呈一根极细小的暗线,出现在叶片连接螺栓与密封圈之间的区域,有时因裂纹已扩展到轴承滚道内,会伴有油脂从裂纹处渗出,出现这样的情况时,应将油脂清理干净后仔细观察。

◆ 3.4　变桨轴承内部加注油脂

（1）变桨轴承排脂油路清理:拆下未收集到油脂的集油瓶,用一字螺丝刀插入排脂油路内,平衡内外部压力并对排脂油路进行清理,清理后安装集油瓶。

（2）使用电动加脂泵对变桨轴承加注油脂:对6个加脂口均匀加注油脂,加脂时保持变桨轴承持续反复变桨幅度大于60°。

◆ 3.5　对变桨轴承齿圈进行清洁和涂抹润滑油脂

◆ 3.5.1　对变桨轴承齿圈进行清洁

油脂加注之前,须对变桨轴承齿圈进行清洁,保证变桨轴承齿圈干净无异物。

◆ 3.5.2　明确油脂型号及用量

油脂加注之前,须检查油脂是否干净无异物。根据风力发电机组全生命周期维护手册,油脂型号及加注量见表2.2。

表2.2　加脂型号及加注量

加脂部位	油脂型号/品牌	加脂量
变桨轴承	Fuchs 585k Plus 或 Klüberplex BEM 41-141	2.X:2.85L/半年 2.5B:3.35L/半年

注:具体油脂型号及用量以现场最新指导手册为准。

◆ 3.5.3　油脂加注枪准备

检查油脂加注枪是否正常、部件是否完整。拉出油脂加注枪的拉杆,装入黄油,使黄油顶部呈锥形,避免将空气混入黄油中。将黄油装入枪盖内,按下锁片,推入拉杆到底。旋入枪筒,推拉活塞手柄,并反复旋动枪筒,排出多余空气,出油后旋紧枪筒。操作步骤如图2.9所示。

◆ 3.5.4　安装注油嘴至注油口,给变桨轴承加注油脂

（1）选取合适的注油嘴,并将注油嘴连接在注油口上(若注油孔安装的为堵头,则选取软管形式的注油嘴;若注油孔处安装的为直插式油嘴,则选用铁管形式的注油嘴)。

（2）注意:油脂加注过程中,应向每一个注油口均匀加注适量油脂,避免出现油脂加注不均匀情况。

（a）向管内加满黄油

（b）旋紧枪头

（c）按下排气按钮，排出多余空气

（d）向内推拉杆止钮，将拉杆推回原位

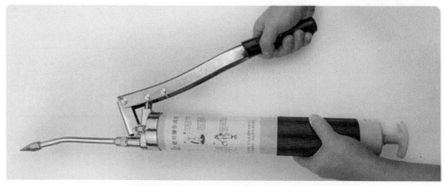
（e）反复拉动拉杆排出嘴内多余空气，直至正常出油

图2.9 油脂加注枪准备流程

◆ 3.6 对变桨轴承连接螺栓的力矩进行校验

变桨轴承连接螺栓采用高强螺栓，紧固力矩值非常大，以GW2S机型为例，其变桨轴承与轮毂连接螺栓的力矩值为2400N·m，所以一般采用液压力矩扳手或者液压螺栓拉伸器对其进行校验，使用方法如下。

◆ 3.6.1　液压力矩扳手的连接与调试

使用液压力矩扳手(图2.10)前,首先要调整反作用力臂。然后通过油管将液压力矩扳手与泵站连接,方可开始工作。

图2.10　液压力矩扳手

调整反作用力臂:反作用力臂可以360°自由旋转。按下液压缸后方卡扣,可将反作用力臂完全取下,然后根据工况选择合适的支撑点。

接头连接:接头必须旋紧,不能留有空隙,否则油管接头截止阀(钢珠)会卡住,使油路不通,导致液压力矩扳手不能正常工作。若钢珠卡住,须用布包覆液压力矩扳手接头,再用铜棒或其他工具将其敲回即可。

调试泵站:使用液压泵之前,要对其进行调试。按住启动开关,顺时针方向旋拧调压阀,将压力从零调至最高,观察压力是否稳定、有无明显漏油的现象。一切正常方可工作。

注意:在调压前要先将调压阀调到零(逆时针),试压的时候,必须从低向高调试。

调试液压力矩扳手:通过油管将液压力矩扳手与泵站连接,在空载的情况下操作。观察扳手工作是否正常、有无漏油现象。一切正常方可工作。

液压力矩扳手系统操作顺序:空液压泵试运转能否启动;换向压力升降是否灵敏;液压泵压力能否达到最高;液压泵是否有异常噪声;连接液压泵与液压力矩扳手,进行整个系统调试;观察液压力矩扳手运转是否正常,有无漏油;由低往高设定泵站所需压力。

◆ 3.6.2　液压力矩扳手的使用准备

先将液压力矩扳手装上合适的套筒,根据压力转矩对照表调节好压力,然后放到要操作的螺母上,按下液压泵的按钮打压。

调整压力:一只手将线控开关按钮按下,此时轴开始转动,液压力矩扳手到位后停止转动,压力表由"0"急速上升,另一只手调整液压泵调压阀,调节压力表中指针至所需压力。

拆松:将泵站压力调到最高,确认液压力矩扳手转向确为拆松方向,将液压力矩扳手放在套筒上,找好反作用力臂支撑点,靠稳;先将液压力矩扳手空转数圈,观察扳手转动无异常时即可将液压力矩扳手放至螺母上;反复操作,直至将螺母拆下。

锁紧:首先根据要求设定力矩;然后根据所需的力矩值及所用液压力矩扳手型号来设定泵站压力;确定液压力矩扳手转向确为锁紧方向,将液压力矩扳手放在套筒上反复操作,直至螺母不动为止。

◆ 3.6.3 液压力矩扳手的操作

(1)确保电源可靠,确认液压泵内有充足的液压油。

(2)将电源开关拨至"ON",确认线控开关在"STOP"位,按一下"SET"键,5s内按下"RUN"键,液压泵启动。观察压力值是否稳定在规定值,如是,则继续操作;如不是,则利用调压阀将压力调至最低。多次重复上述过程,然后将压力调至规定值,反复操作确认压力值稳定即可。

(3)将液压泵和液压力矩扳手用所附高压油管连接,确保快换接头连接可靠(将公接头插入母接头到底,将螺纹套用手拧紧),在液压力矩扳手不带负荷的情况下将整个液压系统空运转一下,按下"RUN"键不放,直至听见"啪"的一声,松开,直至再次听见"啪"的一声再进行下一操作。重复上述操作,以确认系统工作正常。

(4)将液压力矩扳手放在螺母上,确认反作用力臂支撑牢靠。切忌将手放在反作用力臂上。

(5)拆卸螺母时,压力应在最高值。如果拆卸不动,则采取除锈措施,如果螺母还不动,则换用更大型号的扳手。

(6)紧固螺母时,应该先确定压力值,利用调压阀调至所需压力,紧固时,直至多次操作液压力矩扳手也未动作,方能认为螺母已紧固。

(7)操作完毕后,将线控开关拨至"STOP"位,电源开关拨至"OFF"位,拔掉电源,将油管拆下,对接好快换接头,将液压泵擦拭干净,保存在干燥通风的环境里,避免和化学物品接触。

注意:用液压力矩扳手检验螺栓预紧力矩时,螺母转动角度小于20°,预紧力矩满足要求。

◆ 3.7 整理及恢复现场

◆ 3.7.1 收拾工具

清点带入现场的工具,确保没有工具落在现场。

◆ 3.7.2 打扫卫生

检查工作现场,打扫卫生,确保无垃圾遗留。

◆ 3.7.3 松叶轮

(1)将锁定销上的止退销旋出并取掉。

(2)在机舱维护手柄上按下叶轮制动刹车按钮,然后将维护手柄叶轮锁定旋钮旋向"释放"位置,并用手把持住,此时会听到液压站动作后建压的声响,同时通过止退销销孔观察液压锁定销缓慢退出锁定销销孔,正常情况5~10s后液压锁定销应该完全退出锁定销销孔,且操作手柄上白色"叶轮释放"指示灯变亮,表示叶轮已经解锁。

(3)进入网页监控面板,打开"主要信息"查看"叶轮锁定状态"。锁定后"叶轮锁定1"及"叶轮锁定2"为"False"。操作手柄"叶轮锁定"指示灯熄灭(图2.11)。

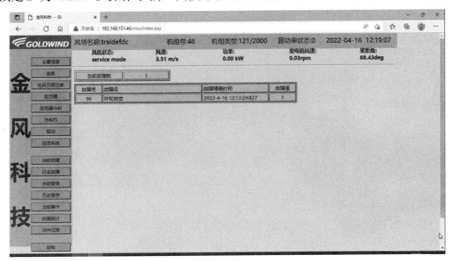

图2.11 网页监控面板显示叶轮锁定状态

(4)松开维护手柄"刹车"按钮。

(5)消除故障启机,通过网页监控面板检查风机是否有故障,若无故障,则恢复机组启动。

第三部分 学以致用

问题1. 简述变桨轴承内部加注油脂的操作步骤。

问题2. 详细描述变桨轴承力矩校验的注意事项。

问题3. 简述液压力矩扳手的使用方法。

参考资料

[1]10.变桨轴承专项-应用技术部-王长兴-2018.6.11.

[2]GW-14FW.0487金风2.XMW系列风力发电机组全生命周期维护手册·陆上.

任务3 自动润滑系统定期维护

◆ 1 任务目标

(1)清晰了解机组自动润滑系统的结构及功能。

(2)掌握自动润滑系统定期维护的实际操作。

◆ 2 任务说明

(1)能够使用电动加脂泵给润滑泵补脂,补充油脂型号正确,并进行排气,要求操作过程中油脂不受污染,补脂后泵内无气泡。

(2)能够使用热风枪等工具对堵塞的分配器进行疏通。要求疏通后各出油口能够正常出油。

◆ 3 工作场景

自动润滑系统定期维护工作场景如图3.1所示。

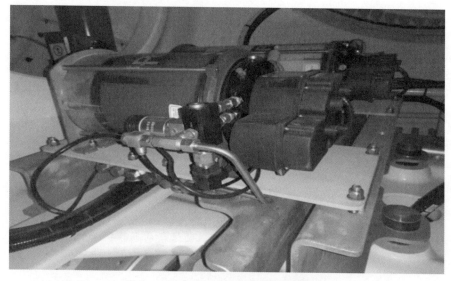

图3.1 自动润滑系统定期维护工作场景

第一部分 格物致知

★★★ 通过本部分学习应该掌握以下知识:

(1)掌握自动润滑系统结构。

(2)了解变桨系统润滑点。

◆ 自动润滑系统结构

自动润滑系统能定时、定量地给多个润滑点供脂,提高润滑脂利用率和润滑效果,使部件的磨损降至最低,同时也能大大降低现场的作业强度。

变桨自动润滑系统(图3.2)采用递进润滑系统,按一定顺序给各润滑点依次供脂,并不断重复循环。该系统主要由润滑泵、分配器、柱塞监控器、胶管、接头等附件组成。该系统在润滑泵上集成了油位传感器,为PLC提供润滑泵需要补脂的监控信号;在分配器上集成了柱塞监控器,为PLC提供递进润滑系统的堵塞监控信号;在润滑泵上集成了压力开关,为PLC提供单线润滑系统的注脂完成信号。

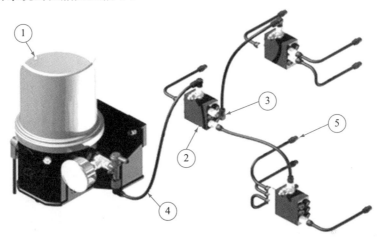

图3.2　变桨自动润滑系统结构

1. 润滑泵;2. 分配器;3. 柱塞监控器;4. 胶管;5. 接头

◆ 1　润滑泵

润滑泵由泵体、油箱、泵芯、安全阀、应急加脂油嘴和快速补油油嘴等组成(图3.3)。

润滑泵泵体内置24V DC直流电机。安全阀设定压力350bar,用于保护润滑泵,防止润滑泵憋压烧坏电机。每台润滑泵最多可安装3个泵芯。在轮毂等旋转部件上安装的润滑泵,油箱内置压盘,如2X机型的主轴承润滑泵与变桨轴承润滑泵。若在内平台等非旋转部件上安装润滑泵,油箱内置刮臂,要求必须竖直安装,如3MW(S)的偏航轴承润滑泵和主轴承润滑泵。

图3.3 递进式润滑泵结构

1.泵体；2.油箱；3.安全阀；4.应急加脂油嘴；5.快速补油油嘴

◆ 2 分配器

为了将润滑油均匀地输送到各润滑点，一般在润滑油路中安装分配器(图3.4)，进行润滑油的分配，除此之外，分配器还能够起到监测油路是否堵塞的作用。

图3.4 分配器

分配器的工作原理：润滑油从上部的进油口进入，通过环形槽后到达活塞Ⅱ和活塞Ⅲ左端并推动它们向右移动，使活塞容腔中的润滑油依次从出油口1和出油口2排出。而当活塞Ⅲ到达右端极限位置后，进入分配器的润滑油又通过左边的环形槽到达活塞Ⅰ的右端，推动活塞Ⅰ向左移动，使活塞容腔中的润滑油从出油口3排出；分配过程中在活塞运动的方向上正好相反，相应地，润滑油依次从出油口4、出油口5、出油口6排出。只要进入递进式分配器的润滑油维持一定的压力,递进式分配器就会连续工作。任何一个中间片的活塞卡死不能动作,则其他中间片的活塞就会全部受阻,整个递进式分配器将停止工作,这一精巧的构思使得监测输出油量是否正常变得极为便利,只要在中间片设置感应活塞动作的接近开关,便可在活塞发生阻塞时及时报警(图3.5)。

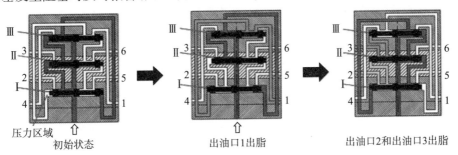

图3.5　递进式分配器工作原理

1,2,3,4,5,6出油口;Ⅰ,Ⅱ,Ⅲ活塞。

【小贴士】

　　目前国内多数润滑设备产品的定位停留在为用户做产品配套的水平上,还没有提升到提出系统原理和设计依据,并能指导用户选择的高度。但在主机设备不断向大型化、高速化、重载化方向发展的今天,润滑设备制造企业必须应对能够设计、研制、生产更多更好的润滑液压产品为主机服务的要求,其主要是为冶金、矿山、石油、建材等行业大型生产设备、生产线的控制和安全保护系统设备提供服务,它们的稳定运行情况直接关系到整套设备或生产线的安全运行,因此客户对专业服务的需求提出了更高的要求。

　　机械、电气、液压、信息通信技术的发展极大地提升了润滑液压设备的技术水平,客户对其技术服务和技术支持也更加依赖。

　　国内的润滑设备制造企业已经认识到这一点,不再是简单地模仿国外的产品,而是注重在技术上创新。

第二部分　知行合一

★★★　通过本部分学习应该掌握以下技能:

(1)能够使用电动加脂泵给润滑泵补充正确型号的油脂并进行排气,要求操作过程中油脂不受污染,补脂后泵内无气泡。

(2)能够对堵塞的分配器进行疏通,要求疏通后各出油口能够正常出油。

◆ 1 安全规定

(1)在各机型要求的安全风速下登塔作业。

(2)在轮毂内部寻找安全合适的位置存放工具和部件。

(3)作业人员在作业过程中,应待在安全适当的地方。

(4)废弃物处理应遵照当地法律法规,避免造成环境污染。

(5)操作过程中应戴好劳保手套等防护用品,防止夹伤。

(6)风速超过11m/s时严禁锁定叶轮。

◆ 2 工具及耗材

自动润滑系统定期维护所需工具及耗材见表3.1。

表3.1 自动润滑系统定期维护所需工具及耗材

序号	名称	规格/型号	数量
1	一字螺丝刀		1个
2	活动扳手	150mm×19mm(6′)	1个
3	热风枪		1个
4	电动加脂泵		1台
5	金相砂纸		1张

◆ 3 操作步骤

◆ 3.1 停机维护

(1)按下主控柜上面的停机按钮,等待风机切换至停机状态。

(2)旋转主控柜上面的维护钥匙至维护模式,等待并网指示灯熄灭,网侧断路器断开后方可登机操作,如图3.6所示。

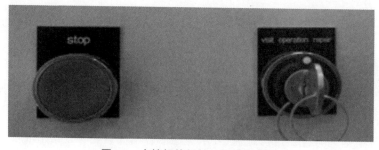

图3.6 主控柜停机按钮及维护钥匙

◆ 3.2 锁定叶轮

(1)叶轮刹车,对准定子侧锁定销及转子侧锁定销孔,详细步骤如下。

①观察叶轮锁定销旁观察窗内发电机定子侧箭头标识与转子标识状态。

②两个标识将要对准时按下维护手柄"刹车"按钮并保持。

③观察叶轮锁定销旁观察窗内发电机定子侧箭头标识与转子标识状态。

④若未完全对准,需要松开"刹车"按钮,重新对准标识。

叶轮锁定观察窗及操作手柄如图3.7所示。

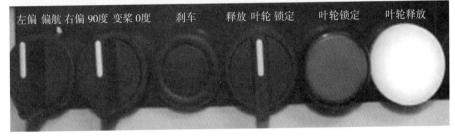

图3.7 叶轮锁定观察窗及操作手柄

(2)两个标识完全对准时,拨动叶轮锁定旋钮至"锁定"状态后,通过止退销孔观察锁定销状态。锁定销缓慢向内插入锁定销孔后停止。叶轮锁定的状态如图3.8所示。

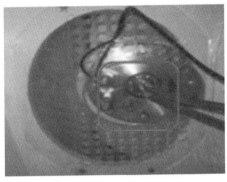

图3.8 叶轮锁定状态

(3)进入网页监控面板,打开"主要信息"查看"叶轮锁定状态"。锁定后"叶轮锁定1"及

"叶轮锁定2"为"true"。操作手柄"叶轮锁定"亮指示灯。网页监控面板显示如图3.9所示。

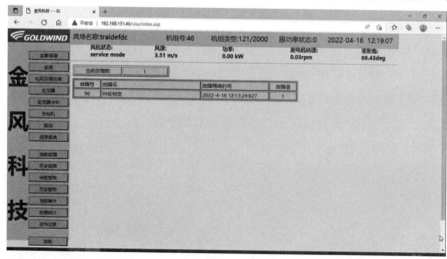

图3.9 网页监控面板显示叶轮锁定状态

◆ 3.3 润滑泵加脂

◆ 3.3.1 加脂操作准备工作

(1)建议选用220V AC电动泵,适用18kg小桶装润滑脂。

(2)油脂必须保持清洁,不允许有沙粒、金属等颗粒杂质混入其中,否则可能堵塞泵单元、分配器。

◆ 3.3.2 连接加脂设备与润滑泵

(1)连接加脂设备出油管与润滑泵的加油口,可以采用快换注油接头提高安装效率(图3.10)。

(2)按照电路图正确连接润滑泵的电源线。

图3.10 快换注油接头

3.3.3 加注润滑脂

启动润滑泵,然后启动加脂设备开始加注润滑脂,直至压盘活塞下的空气完全从排气孔排出,停止加脂设备和润滑泵,加脂过程如图3.11所示。

图3.11 加脂过程

3.3.4 排出残余空气

油箱的最低油位周圈残余的空气通过松开图3.12左上图处的内六角堵头排出。效果如图3.12所示。

图3.12 排出残余空气

◆ 3.4 疏通堵塞分配器

(1)卸下所有管接头,拆卸分配器。

(2)旋开分配阀柱塞堵头,左右推动柱塞,确定堵塞柱塞。

(3)用平滑冲头(直径小于6mm)将柱塞顶出。

注意:柱塞和其安装孔是精密配钻的,在拆卸时需要将柱塞的安装位置及方向作个标记,以防混淆。柱塞不可互换。

(4)用金相砂纸均匀打磨损伤柱塞及工作块内孔。

(5)使用有机溶剂清洗分配阀并加压缩空气吹通。

(6)重新组装分配阀。

(7)在分配阀重新连接管子前,需要用手动泵配稀油将分配阀打几个循环。检查分配阀内的压力不得超过25bar。

◆ 3.5 整理及恢复现场

◆ 3.5.1 收拾工具

清点带入现场的工具,确保没有工具落在现场。

◆ 3.5.2 打扫卫生

检查工作现场,打扫卫生,确保无垃圾遗留。

◆ 3.5.3 松叶轮

(1)拨动叶轮锁定旋钮至"释放"状态,通过止退销孔观察锁定销状态。锁定销缓慢向外退出锁定销孔后停止。

(2)进入网页监控面板,打开"主要信息"查看"叶轮锁定状态"。锁定后"叶轮锁定1"及"叶轮锁定2"为"False"。操作手柄"叶轮锁定"指示灯熄灭(图3.13)。

(3)松开维护手柄的"刹车"按钮。

◆ 3.5.4 消除故障启机

通过网页监控面板,检查风机是否有故障,若无故障,则恢复机组启机。

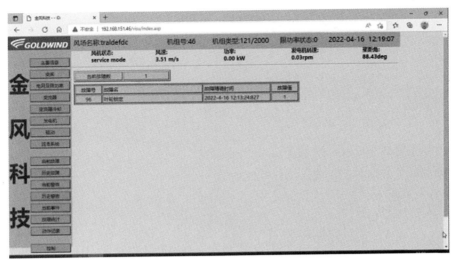

图 3.13　网页监控面板显示叶轮锁定状态

第三部分　学以致用

问题 1. 简述加脂的操作步骤。

问题 2. 简述疏通分配器的操作步骤。

问题 3. 简述加脂过程中的注意事项。

参考资料

[1]金风 MW 机组润滑泵(带压油盘)现场排气作业指导书.

任务4 叶片定期维护

◆ 1 任务目标

(1)清晰了解机组叶片的结构。
(2)掌握叶片定期维护的实际操作技能。

◆ 2 任务说明

(1)能够使用望远镜或无人机准确、无遗漏地检查出叶片外观的裂纹、鼓包、起皮、脱落、灼烧痕迹等缺陷。

(2)能够准确、无遗漏地检查出叶片内腔损坏、蒙皮开胶、黏结剂脱落、褶皱、可视部分防雷接地线断裂等缺陷。

(3)能够使用雷电计数卡(OBO)读卡器正确读取防雷计数卡内数据。

(4)能够清理叶片内杂质,要求将有异响的叶片旋转至斜上方位置,锁紧风轮后方能进行清理。

(5)能够使用液压力矩扳手、液压螺栓拉伸器对叶片连接螺栓力矩进行校验,力矩误差不得超过±5%(不考虑工具本身误差)。

(6)能够按照机组定期维护指导书要求的技术规范,对叶片的安装角度(零度)进行校准,要求安装角度误差≤1°。

◆ 3 工作场景

图4.1 叶片定期维护工作场景

叶片定期维护工作场景如图4.1所示。

第一部分 格物致知

★★★ 通过本部分学习应该掌握以下知识:
(1)掌握叶片的结构及功能。
(2)掌握叶片防雷措施。
(3)了解废弃叶片如何处置。

◆ 1 叶片的结构及功能

叶片为具有空气动力形状,使风轮绕其轴转动的主要构件(图4.2)。叶片是风电机组最重要的部件之一,直接影响风电机组的发电效率。大型风力发电机组采用3叶片,各带有一套变桨系统。叶片材质有树脂、玻璃纤维布、胶黏剂、夹芯材料四大种类,其中所用原料树脂可以分为两个体系,分别为聚酯体系和环氧体系。聚酯与环氧的最简单的区别就是,在叶片内聚酯味道很大很呛鼻;环氧材料味道很小。

图4.2 叶片

叶片的主要结构如图4.3所示。叶片的主梁和腹板是叶片的支撑结构,其强度决定了叶片的可靠性。叶片的外壳具有复杂的空气动力学造型,其形状是决定叶片升力的关键因素。

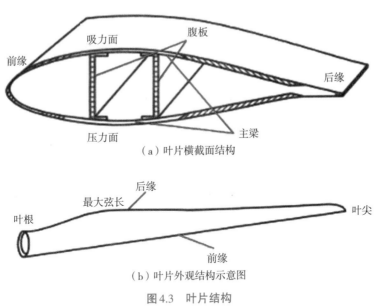

(a)叶片横截面结构

(b)叶片外观结构示意图

图4.3 叶片结构

风力发电机的叶片区域部分主要由前缘、后缘、吸力面及压力面构成,如图4.4所示。前缘翼型在旋转方向的最前端,后缘翼型在旋转方向的最后端。压力面是空气流经时,速度较低、静压较大的叶型一侧,其弦向投影外轮廓弧度较大。吸力面是空气流经时,速度较高、静压较小的叶型一侧,其弦向投影外轮廓弧度较小。

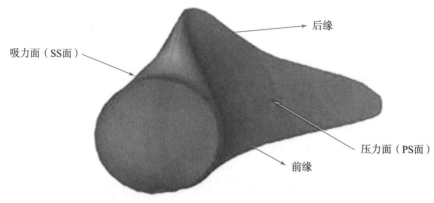

图4.4　叶片区域名称

◆ 2 叶片防雷

作为风力发电机组中位置最高的部件,叶片是雷电袭击的首要目标,同时又是风力发电机组中最昂贵的部件之一,因此叶片的防雷保护至关重要。叶片配备雷电保护系统,当遭遇雷击时,通过叶片直击雷电防护系统将叶片上的雷电流经轮毂、主轴、机舱底座、塔架,最后导入接地系统。

雷击造成叶片损坏的机理如下:雷电释放巨大能量,使叶片结构温度急剧升高,分解气体高温膨胀、压力上升造成爆裂破坏。叶片防雷系统的主要目标是避免雷电直击叶片本体而导致叶片损害。研究表明:无论叶片的材质是木头还是玻璃纤维,或是叶片包导电体,雷击损害与此无直接关系,导致损害的范围取决于叶片的形式。叶片全绝缘并不能减少其被雷击的危险,反而会增加损害的次数。多数情况下被雷击的区域在叶尖背面(或称吸力面)。根据以上研究结果,可针对叶片应用专用防雷系统,此系统由雷电接闪器和雷电传导部分组成,如图4.5所示。在叶尖位置装有接闪器捕捉雷电,再通过敷设在叶片内腔连接叶片根部的导引线使雷电导入大地,约束雷电,保护叶片(图4.6)。

雷电接闪器是一根特殊设计的不锈钢螺杆,装在叶片尖部,即叶片最可能被袭击的部位,接闪器可以经受多次雷电的袭击,受损后也可以更换,如图4.7的A点所示。

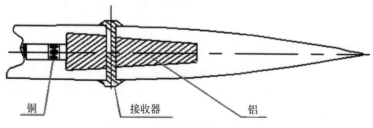

图4.5　叶尖防雷接地系统示意

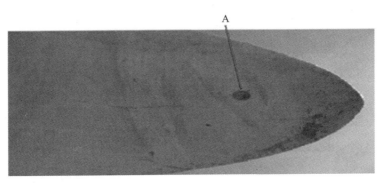

图4.6　叶尖雷电接闪器示意

图4.7　叶片导雷系统结构

【小贴士】

意大利能源公司Enel绿色电力公司与瑞士储能公司EnergyVault签订合作协议,称将共同开发一种利用退役风机叶片制成的重力储能系统,这是业界针对退役风机叶片的又一探索。

随着全球风电场寿命到期的趋势,退役潮渐行渐近,业内也加快了对叶片等废弃材料处理方法的探索。除应用于重力储能系统外,将叶片打碎混入建筑材料、对叶片材料分解进行回收实现循环利用等新兴方式也越来越受到业内关注。

第二部分　知行合一

★★★　通过本部分学习应该掌握以下技能:

(1)能够使用望远镜或无人机准确、无遗漏地检查出叶片外观的裂纹、鼓包、起皮、脱落、灼烧痕迹等缺陷。

(2)能够准确、无遗漏地检查出叶片内腔损坏、蒙皮开胶、黏结剂脱落、褶皱、可视部分防雷接地线断裂等缺陷。

(3)能够使用雷电计数卡(OBO)读卡器,正确读取防雷计数卡内数据。

(4)能够清理叶片内杂质,要求将有异响的叶片旋转至斜上方位置,锁紧风轮后方能进行清理。

(5)能够使用液压力矩扳手、液压螺栓拉伸器,对叶片连接螺栓力矩进行校验,力矩误差不得超过±5%(不考虑工具本身误差)。

(6)能够按照机组定期维护指导书要求的技术规范,对叶片的安装角度零度进行校准,要求安装角度误差≤1°。

◆ 1 安全规定

(1)应在各机型要求的安全风速下登塔作业。

(2)应在轮毂内部寻找安全合适的位置存放工具和部件。

(3)作业人员在作业过程中,应待在安全适当的地方。

(4)废弃物处理应遵照当地法律法规,避免造成环境污染。

(5)阵风风速≥8.3m/s时(相当于5级风速)禁止使用吊篮进行叶片检查维护工作。

(6)雷电、雨雪、大雾等极端天气来临时,停止叶片检查维护工作。

(7)叶片检查维护平台的脚踏板周围要有至少180mm高的挡脚板。

(8)在机舱外作业时,平台工作人员需要单独悬挂一根安全绳并用抓绳器与人员相连。

(9)作业过程中,人员要穿戴好自己的劳保用品,打开叶片人孔板,通风3~5min之后再进入叶片。施工过程中准尽量避开通风渠道,不许封堵逃生通道及应急通道路口。

(10)叶片检查维护平台需要接电时,必须使用万用表测量确定无电压后方可工作,禁止私自操作风机内部的电气设备。

◆ 2 工具及耗材

叶片定期维护所需工具及耗材见表4.1。

表4.1 叶片定期维护所需工具及耗材

序号	工具/耗材	规格/型号	数量
1	照相机		1台
2	望远镜		1个
3	记号笔		1个
4	美纹纸		1卷
5	头灯		1个
6	钢直尺		1把
7	卷尺	340N·m	2把
8	NDT设备		1台

序号	工具/耗材	规格/型号	数量
9	扳手		1套
10	高空吊篮		1个
11	柜体钥匙		1把
12	雷电计数器		1各
13	液压力矩扳手		1台
14	液压螺栓拉伸器		1个
15	电脑		1台
16	雷电计数读卡器		1组

◆ 3　操作步骤

◆ 3.1　停机维护

(1)按下主控柜上面的停机按钮,等待风机切换至停机状态。

(2)旋转主控柜上面的维护钥匙至维护模式,等待并网指示灯熄灭,网侧断路器断开后方可登机操作,如图4.8所示。

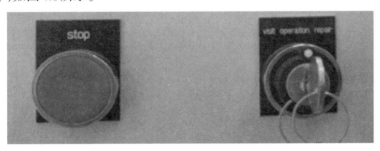

图4.8　主控柜停机按钮及维护钥匙

◆ 3.2　锁定叶轮

(1)叶轮刹车,对准定子侧锁定销及转子侧锁定销孔,详细步骤如下。

①观察叶轮锁定销旁观察窗内发电机定子侧箭头标识与转子标识状态。

②两个标识将要对准时按下维护手柄“刹车”按钮并保持。

③观察叶轮锁定销旁观察窗内发电机定子侧箭头标识与转子标识状态。

④若未完全对准时需要松开“刹车”按钮,重新对准标识。

操作手柄及观察窗口如图4.9所示。

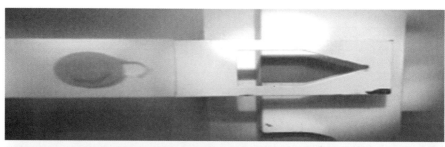

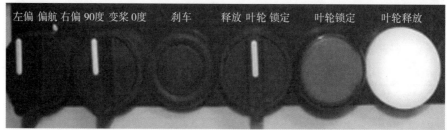

左偏 偏航 右偏 90度 变桨 0度　　刹车　　释放 叶轮 锁定　　叶轮锁定　　叶轮释放

图4.9 叶轮锁定观察窗及操作手柄

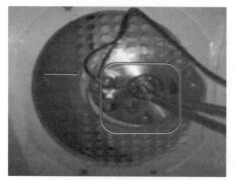

图4.10 叶轮锁定状态

（2）两个标识完全对准时,拨动叶轮锁定旋钮至"锁定"状态后通过止退销孔观察锁定销状态。锁定销缓慢向内插入锁定销孔后停止,随后旋入止退销。叶轮锁定的状态如图4.10所示。

（3）进入网页监控面板,打开"主要信息"查看"叶轮锁定状态"。锁定后"叶轮锁定1"及"叶轮锁定2"为"true"。操作手柄"叶轮锁定"亮指示灯。网页监控面板显示如图4.11所示。

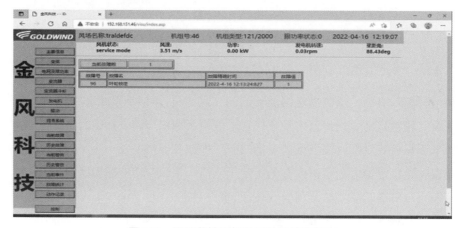

图4.11 网页监控面板显示叶轮锁定状态

◆ 3.3 检查叶片外观的缺陷

检查要求如下：

（1）外部检查需在天气晴朗条件下进行。

（2）人员登机后，根据当时太阳方位进行风机偏航操作，使机尾朝向太阳方位（即检查部位向阳）。

（3）打开天窗，落实安全措施，站在机舱内检查叶片。

（4）按照尾缘吸力面、前缘压力面的顺序，用高倍望远镜从叶根到叶尖对叶片全表面进行缺陷检查，查看是否存在叶根裂纹、前缘裂纹、尾缘开裂及疑似表面裂纹（上述检查顺序基于停机叶片顺桨位置）。

（5）对于外部检查中发现的任何裂纹及疑似裂纹必须留存清晰照片，并记录以下内容：叶片编号、疑似缺陷位置（某部位距离叶根几米、距离前缘几米、距离尾缘几米等）。

（6）"清晰照片"指在上述气象条件下利用叶片变桨获得的1张拍摄者正对疑似缺陷位置（0°）的叶片参照全景图，以及3张分别为拍摄者正对角度、左偏30°、右偏30°面对疑似缺陷位置、像素不小于2M的长焦清晰图像，每处疑似缺陷的拍照必须按照上述顺序取照并保证清晰度，以便于留档和分析。

（7）按照上述方式对3支叶片进行逐一检查。

（8）检查结束后，由检查人填写相关检查报告，并请项目现场人员签字确认。对检查过程及结果形成报告，并对照片进行统一存储、命名，传送给相关人员分析（表4.2）。

表4.2 常见叶片外部损伤图谱

序号	缺陷名称	缺陷图谱
1	前缘腐蚀	

续表

序号	缺陷名称	缺陷图谱
2	后缘开裂	
3	叶根裂纹	
4	主梁裂纹	

续表

序号	缺陷名称	缺陷图谱
5	雷击损伤	
6	鼓包	
7	灼烧痕迹	

续表

序号	缺陷名称	缺陷图谱
8	起皮	

◆ 3.4 检查叶片内腔损坏、蒙皮开胶、黏结剂脱落、褶皱、可视部分防雷接地线断裂

(1)按照风机安全操作规程锁紧叶轮。

(2)携带外部检查记录的文件安全到达叶片根部,使用活络扳手打开人孔挡板,取下人孔挡板前必须佩戴好口罩、眼罩。

(3)确认叶片编号,查找该叶片外部检查疑似缺陷,在之后的检查中重点检查该区域。

(4)按照"挡板外部叶根区域→挡板内部叶根区域→腹板粘接区域→前缘粘接区域→尾缘粘接区域"的顺序对可观察到的部位在变焦聚光手电筒的光照下用高倍望远镜从叶根到叶尖方向对叶片内部进行缺陷检查,查看是否存在黏接开裂、结构损伤及疑似损伤。

(5)根据第(3)点确认外部疑似缺陷的位置,并进行重点检查。

(6)对于内部检查及外部疑似缺陷,确认检查中发现的任何黏接开裂、结构损伤及疑似损伤,必须留存"清晰照片",并按照上述格式记录相关信息。

(7)"清晰照片"指在变焦聚光手电照射下对疑似缺陷位置拍摄的像素不小于2M的长焦清晰图像。

(8)检查结束后,由检查人填写相关检查报告,并请项目现场人员签字确认。对检查过程及结果形成报告,并对照片进行统一存储、命名,传送给相关人员分析(表4.3)。

表4.3 常见叶片内腔损伤图谱

序号	缺陷名称	缺陷图谱
1	褶皱	
2	内腔胶渣	
3	蒙皮开胶	

◆ 3.5 读取防雷计数卡内数据

(1)检查接地线是否连接牢固,无松动断裂,确认雷电卡套绑扎牢固,雷电计数卡无损坏、缺失。

(2)取出雷电峰值记录卡(图4.12),并通过USB接口连接到电脑的读卡器(图4.13)上进行读取。数据被自动存储到数据库,通过计算,雷电峰值记录系统将显示出记录的雷电流数据,读取数据将被记录在软件中。

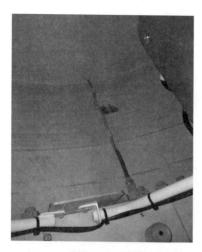

图4.12 雷电峰值记录卡位置

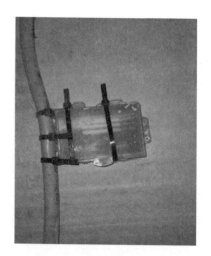

图4.13 雷电计数卡读卡器

◆ 3.6 清理叶片杂质

（1）穿好安全衣,挂好安全绳进入叶片。打开叶根盖板,进入叶片内部,将叶片根部的胶粒及其他杂质清理干净。

（2）松开叶轮待竖直向下的叶片转动120°至侧面位置时,按照要求将叶轮锁定。

（3）穿好安全衣,挂好安全绳进入叶片。将最后一个叶片根部的胶粒及其他杂质清理干净。

（4）将清理出的杂质打包带出叶片。

◆ 3.7 力矩校验

◆ 3.7.1 液压力矩扳手的使用方法

（1）根据预紧螺母的尺寸选配内六角套筒。

（2）按照螺母需要拧紧或松开的要求,组合使用棘轮(拧紧螺母时用右向棘轮,松开螺母时用左向棘轮)。

（3）把带快速接头的高压胶管、低压胶管插入扳手和换向阀的连接处(高压1/4″,低压为3/8″),并按要求插入到位后,将快速接头的外套转动一个角度,锁紧。

（4）反力杆应依靠在相应的内六角支承套或其他能承受反作用力的地方。

（5）扳手连杆转角的大小应控制在反力杆标定的角度范围内。

（6）打压时,应将放气阀向左旋转一周,打开放气阀,待空气放尽后将其关闭。

（7）手动泵打压时,按液压缸活塞杆的伸和缩转动换向阀手柄,当手柄在左侧位置时,活塞杆则伸,反之则缩,而在中间位置时压力为零。

(8)打压时,通过观察压力表读取数值(MPa),即可得出扭矩值。

(9)预紧结束后,把换向阀手柄放于中间位置,使其压力回零。

(10)卸下带快速接头的高压胶管、低压胶管时,应首先将快速接头的外套旋转一个角度,使其缺口对准限位销向前推,这样即可拔出接头。

◆ **3.7.2 液压螺栓拉伸器的使用方法**

(1)用快换接头将液压螺栓拉伸器(图4.14)、油管和手动液压泵连接起来。

(2)空运行:将手动泵上卸荷阀上的手轮顺时针旋紧,再提升、压下手动泵上的手柄,即可使活塞杆顶升,当活塞杆顶升到油缸的额定行程时,逆时针旋松卸荷阀上的手轮,用重力将活塞杆复位。反复运行几次,如无异常即可拉伸螺栓。

(3)按照液压螺栓拉伸器按螺套→支撑架→液压螺栓拉伸器缸体组件→拉伸头的顺序,依次套装在所需锁紧的螺母上。

(4)准备就绪:用手动泵打压使液压螺栓拉伸器活塞杆顶出,即螺栓拉长,当螺栓拉伸到螺栓材料所规定的长度(可用百分表或其他工装配测)时,用液压螺栓拉伸器配带的手柄旋下所

图4.14 液压螺栓拉伸器

需锁紧的螺母。再将手动泵卸荷阀上的手轮逆时针旋松,然后利用重力将活塞杆复位,然后将螺栓拉伸器按上述步骤(3)逆向卸下。液压螺栓拉伸器的整个工作完成,可进行下一个螺栓的拉伸。

◆ **3.8 整理及恢复现场**

◆ **3.8.1 收拾工具**

清点带入现场的工具,确保没有工具落在现场。

◆ **3.8.2 打扫卫生**

检查工作现场,打扫卫生,确保无垃圾遗留。

◆ **3.8.3 松叶轮**

(1)拨动叶轮锁定旋钮至"释放"状态,通过止退销孔观察锁定销状态。锁定销缓慢向外退出锁定销孔后停止。

(2)进入网页监控面板,打开"主要信息"查看"叶轮锁定状态"。锁定后"叶轮锁定1"及"叶轮锁定2"为"False"。操作手柄"叶轮锁定"指示灯熄灭(图4.15)。

(3)松开维护手柄"刹车"按钮。

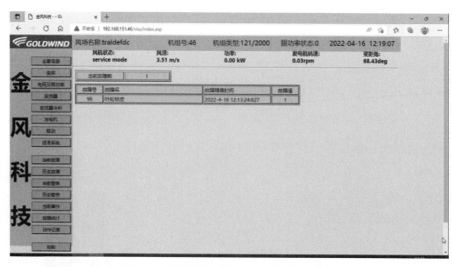

图4.15　网页监控面板显示叶轮锁定状态

◆ 3.8.4　消除故障启机

通过网页监控面板,检查风机是否有故障,若无故障,则恢复机组启机。

第三部分　学以致用

问题1. 检查叶片外观缺陷的要求是什么?

问题2. 简述液压力矩扳手的使用方法。

问题3. 如何对叶片的安装角度进行校准?

参考资料

[1]QGW 206078-2017 风力发电机组运行叶片检查维护规范-A.

[2]叶片现场维修作业指导书.

[3]金风1.5MW机组运行维护手册(Vensys变桨、变流器Ⅰ型变流器Ⅱ型)-A0.

项目二

发电机定期维护

FENGLI FADIAN JIZU YUNWEI
ZHIYE JINENG JIAOCAI (CHUJI)

目　录

任务1 永磁发电机定期维护

◆ 1 任务目标

(1)能够清晰了解机组永磁发电机的结构。

(2)能够掌握永磁发电机定期维护的实际操作技能。

◆ 2 任务说明

(1)能够选用合适油漆和工具,修补发电机定子支架、转子支架,定子主轴,转轴等部位漆面,要求修补前有除锈操作。

(2)能够使用液压力矩扳手、液压螺栓拉伸器对定子主轴与底座、转轴和转子连接螺栓进行力矩校验,力矩误差不得超过±5%(不考虑工具本身误差);能够进行发电机接线母排连接螺栓力矩的校验及断路器的维护。

(3)能够根据永磁型发电机维护作业指导书,对发电机冷却系统的进风过滤棉进行清洗和更换,要求无损伤,无灰尘。

(4)能够根据永磁型发电机手动润滑作业指导书,对发电机轴承进行手动润滑,要求油脂类型正确,按量均匀加注。

(5)能够通过目测的方式检查出发电机转子支架裂纹缺陷。

◆ 3 工作场景

发电机定期维护工作场景如图1.1所示。

图1.1 发电机定期维护工作场景

第一部分　格物致知

★★★　通过本部分学习应该掌握以下知识：

(1)永磁发电机的结构及功能。

(2)永磁发电机的工作原理。

(3)永磁发电机国产化的步调。

◆　1　永磁发电机的结构及功能

◆　1.1　永磁发电机简介

发电机是风机能量转换的核心装置,可以实现风机机械能到电能的转化。风力发电机组发电机原则上可以配备任意类型的三相发电机。几种可用于风力发电机组的一般发电机类型有同步发电机、异步发电机。其中,同步发电机包括绕线转子式同步发电机(WRSG)、永磁同步发电机(PMSG),异步发电机包括双馈异步发电机(DFIG)、鼠笼式异步发电机(SCIG)、绕线式异步发电机(WRIG)、感应异步发电机(OSIG)。其他有发展前景的类型包括高压发电机(HVG)、开关磁阻发电机(SRG)、横向磁通发电机(TFG)等。

相较于传统的电励磁发电机,永磁发电机用具有固定磁场方向的高性能磁钢替代大体积的励磁绕组进行励磁,具有体积小、重量轻、效率高、结构简单可靠等优点,在中小型风力发电机组中得到广泛应用。随着稀土永磁材料性能的提升和成本的降低,大容量的风力发电机组也逐渐开始采用永磁发电机。

永磁发电机由于其结构和性能上的独特优势,一般可以设计为多极结构,应用低速直驱传动结构的风力发电机组上。这样可以实现风机主轴与发电机直接相连,省去齿轮箱变速环节,减小风机故障概率,提高能量转化效率,降低维护检修成本。

下面以GW2.0MW机型的永磁同步发电机为例进行结构及功能讲解。GW2.0MW机型的永磁发电机的叶轮直接连接发电机转子,低速直驱运转,转子采用永磁励磁,散热采用主动式风冷设计。发电机包括定子总成、转子总成、转轴及其他部件。定子采用钢板焊接支撑结构,包括定子支架、定子铁心、定子绕组和其他附件。转子总成包括转子支架和磁钢。整体外观如图1.2所示。

图1.2　GW2.0MW机组永磁发电机外观

◆ 1.2　永磁发电机结构

◆ 1.2.1　永磁发电机定子总成

永磁发电机定子铁心及定子绕组结构示意如图1.3所示。定子铁心由相同规格的硅钢片沿发电机轴向层层叠压而成,这种结构可以截断涡流回路,起到减小运行时涡流损耗的作用。定子铁心沿轴向开槽,用于放置定子绕组,定子绕组与铁心之间采取绝缘措施防止短路,绕组端部采取固定措施以固定绕组位置。

◆ 1.2.2　永磁发电机转子总成

GW2.0MW机组永磁发电机转子及磁钢如图1.4所示。发电机为外转子结构,发电机外圈为转动部分,可以采用实心导磁材料。外转子内表面贴有N、S极交错的稀土永磁材料制作的磁钢,以建立永磁励磁的磁场。

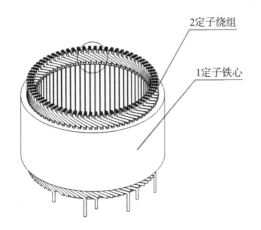

图1.3　永磁发电机定子铁心及定子绕组结构

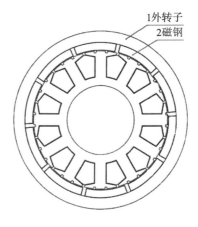

图1.4　永磁发电机转子及磁钢

◆ 1.3　永磁发电机转轴

直驱式永磁发电机的转轴如图1.5所示。发电机的转轴直接与风机主轴相连,省去了增速齿轮箱部分,提高了能量利用率,降低了维护检修及发电成本。转轴与发电机的外转子相连,由外转子带动转轴转动,将风机的机械能转化为电能输向电网。

◆ 2　永磁发电机的工作原理

GW2.0MW机组永磁发电机属于同步发电机,即运行时转子转速与合成磁场的转速相同,这个速度称为同步速,一般用n来表示。同步速n满足$n=60f/p$。其中,f为频率;p为发电机的极对数。

图1.5 永磁发电机转轴

同步发电机比类似容量的感应发电机更昂贵,机械上也更复杂。但与异步发电机相比,它的明显优势是不需要无功励磁电流。GW2.0MW永磁同步发电机的磁场能依靠永磁体自身产生,因此不需要设置励磁绕组,大大减小了发电机体积及重量,提升了发电效率。且永磁发电机通过设计合适的极数(一般极数设计较多),能够用于低速直驱,而无须齿轮箱。

永磁发电机的主要构成部件包括定子和转子两大部分。定子部分主要包括定子铁心(由硅钢片叠成,主要作用是截断因磁场交变引起的涡流路径,减小涡流损耗),其内表面开槽用于嵌放定子绕组;定子槽内放置的三相对称绕组,用于切割旋转磁场,产生感应电动势,将机械能转换成电能。转子部分主要包括转子铁心及磁钢。由于磁钢具有恒定磁场,可以直接取代传统的励磁绕组进行励磁;转子铁心则为磁场的流通提供通道。

由于永磁发电机采用高性能的永磁磁钢,省去了传统电励磁同步发电机体积大且结构复杂的励磁系统,大大减小了发电机的体积,同时还提高了气隙磁密和功率密度,发电效率更高。永磁发电机因其高功率因数和高效率运行,在风力发电机组市场所占份额越来越大。

【小贴士】

风力发电机组的发电机作为机电能量转换的核心部件,在发电过程中发挥着非常重要的作用。风力发电机根据应用需求的不同,可分为多种类型。

其中永磁发电机相比于其他类型发电机具有体积小、重量轻、效率高、结构简单等优点,特别适合应用于直驱场合,具有广阔的发展前景。我国稀土资源丰富,永磁材料具有天然成本优势。随着技术的进步,我国自主生产的高性能永磁发电机市场份额不断扩大,高性能永磁发电机在风力发电等应用场合获得广泛好评,为我国风电行业走出国门、走向世界不断贡献中国力量。

第二部分 知行合一

★★★ 通过本部分学习应该掌握以下技能：

(1)能够对永磁发电机的外观进行定期维护,包括修补发电机定子支架、转子支架、定子主轴、转轴等部位漆面,要求修补前有除锈操作。

(2)能够对永磁发电机各部位的螺栓进行力矩校验,包括对定子主轴与底座、转轴和转子连接螺栓、发电机接线母排连接螺栓进行力矩校验。

(3)能够对永磁发电机的断路器进行维护操作。

(4)能够对永磁发电机冷却系统的进风过滤棉进行清洗和更换。

(5)能够对永磁发电机轴承进行手动润滑,要求油脂类型正确,按量均匀加注。

(6)能够通过目测的方式检查出发电机转子支架裂纹缺陷。

◆ 1 维护工作中安全注意事项

(1)在开始工作前,必需仔细通读安全手册,且能够完全领会。

(2)正确选择和使用满足安全要求的个人防护装备,确保个人的人身安全,并接受使用培训。

(3)明确掌握该款类型风机的相关安全内容(如爬梯防跌落装置、防跌落锚固点位置及紧急停机按钮的位置等)。

(4)正确、果断地判断项目现场天气状况及天气预报对于开展维护工作的影响。

(5)对维护工作的操作过程和操作结果有预判分析能力。

(6)严格执行运行手册中的有关安全的相关内容。

(7)严格执行风机的组件及维护工具所要求的有关安全的相关内容。

(8)工作前需要咨询当地气象部门的天气预报,避免在极端天气下工作。

(9)GW2.0MW机组维护中各工况下风速的要求如下。

风速超过8m/s时,不能进行叶片和叶轮起吊作业;

风速超过8.3m/s时,不能使用吊篮;

风速超过10m/s时,不能吊装塔筒、机舱和发电机;

风速超过10m/s时,禁止提升物品;

风速超过11m/s时,严禁进行叶轮锁定;

风速超过12m/s时,不得打开天窗,不得出机舱作业及进入叶轮工作;

风速超过15m/s时,禁止在机舱内工作;

风速超过15m/s时,禁止攀爬风机;

风速超过25m/s时,禁止人员户外作业。

(10)机组在维护状态下,手动变桨操作时,每次只能操作一只叶片,并同时保证另两只叶片在顺桨位置。

(11)当机组发生火灾时,运行人员应立即停机并切断电源,迅速采取灭火措施,防止火势蔓延。

(12)当火灾危及人员和设备时,运行人员应立即拉开着火机组线路侧的断路器。

(13)由于振动触发安全链导致停机,未经现场叶片和螺栓检查不可启动风机。

(14)风机内禁止存放易燃物品。

(15)电气维护工作涉及低压电气设备合闸送电,根据相关安全规定做好安全措施。

(16)进行柜内电气元件检查时,根据需要在操作前必须将设备预先切断电气连接,放电(若需)并且验电后,方可开始操作;电气元件进行功能测试时须有人看护,一旦发生触点危险,要及时救护。

(17)**警告:高电压引起触电会导致人身事故或严重伤害!**

◆ 2 准备工作

(1)遵守项目现场的维护工作管理制度的要求,通知风电场有关人员开展维护工作的计划,并做好相关措施和防护工作(如在规定位置悬挂"禁止合闸"的安全标识牌等)。

(2)工作前准备齐全维护资料(工具、物料、文件),按照永磁发电机维护要求准备工具、预更换器件、耗品。所需工具及耗材见表1.1。

表1.1　永磁发电机定期维护所需工具及耗材

序号	工具/耗材	型号/规格	数量	备注
1	望远镜	198-20×50	1	发电机外观检查
2	相机		1	发电机外观检查
3	手电筒		1	
4	液压扭力扳手	配41、46套筒	1	
5	电源插座		1	
6	记号笔		2	
7	力矩扳手	400 N·m,配24、30套筒	1	
8	力矩扳手	200 N·m,配18、24套筒	1	
9	加油枪(含油枪软管)		1	轴承油脂加注
10	棘轮扳手	配11号套筒	1	
11	塞尺		1	
12	白色环氧富锌漆		适量	
13	砂纸	400目	2	

续表

序号	工具/耗材	型号/规格	数量	备注
14	大布		2	
15	冷喷锌	ZD96-1	适量	
16	门边密封条		适量	
17	水		适量	
18	固体润滑膏		适量	
19	润滑脂	SKF LGEP2(常温)； Mobil SHC 460WT(低温)	适量	主轴承加脂润滑
20	润滑脂	Fuchsgleitmo 585k 油脂	适量	发电机动密封

(3)仔细阅读维护手册,明确维护工作的内容,对维护工作的结果有预判。

(4)项目现场无极端天气情况(如雷电、雷雨等)且风速不超过风速限值时,可以开展维护工作。

(5)维护工作开始前,检查并排除风机控制系统内显示的影响维护作业的故障。

(6)风机停机后将维护钥匙开关旋至"维护"位置,并悬挂警示牌。

(7)注意:维护工作前停止风机,如有需要,断开升压箱变的低压侧开关(如网侧断路器维护)。

◆ 3　维护项目与操作

◆ 3.1　发电机机械部分检查

◆ 3.1.1　发电机外观检查项目

(1)在地面上通过望远镜观察发电机,检查外观是否有破损和异物。

(2)在机舱上从天窗处观察发电机,在小风情况下观察发电机自由旋转一整圈,检查防锈漆有无起泡、脱落现象。

(3)转子端盖板的排水孔是否被异物阻塞,如有阻塞物需清除,如图1.6所示。

(4)电缆防护盒的螺栓(或铆钉)是否有松动或者脱落,如图1.7所示。

(5)定子风道(图1.8)防腐漆是否开裂、脱落、腐蚀。检查转子、定子支架焊合,未发现油漆脱落、焊缝开裂、生锈现场为"合格",如有异常,处理并做好记录。

期望结果或数值:发电机外观无破损和异物,防锈漆无起泡和脱落;排水孔通畅;防护盒螺栓紧固;风道防腐漆完好;焊合处漆面完好,无裂纹,无锈蚀。

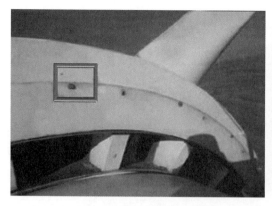 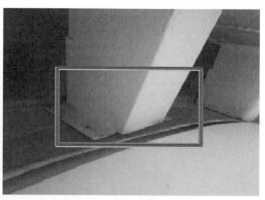

图1.6　发电机转子端盖板的排水孔　　　图1.7　发电机电缆防护盒

图1.8　发电机定子风道

◆　3.1.2　转动轴外观

目测转动轴损伤、裂纹、锈迹。

期望结果或数值:无裂纹、损坏,防腐漆完好。

偏差处理措施:除锈、补漆。

◆　3.1.3　定轴外观

目测定轴损伤、裂纹、锈迹。

期望结果或数值:无裂纹、损坏,防腐漆完好。

偏差处理措施:除锈、补漆。

◆　3.1.4　定子主轴与定子支架连接螺栓

(1)500小时:检查螺栓是否锈蚀;全部螺栓依照额定力矩紧固一遍,重新做防腐和防松标记。

(2)全年:检查螺栓是否锈蚀;抽检10%螺栓,按年检力矩进行紧固,如发现有一颗螺栓松动,则整个节点的螺栓紧固一遍。维护过程中若发现螺栓断裂,需要将断裂螺栓及左右各3颗螺栓更换,将更换下来的螺栓送检。

(3)防松标记颜色与施工时标记颜色不同,要予以区别。螺栓紧固时采用十字对角紧固。

(4)期望结果或数值:无松动,无锈蚀。

(5)偏差处理措施:除锈。重新紧固,紧固要求为 M30×130-10.9,1400 N·m(500小时检)或1260 N·m(年检)。

◆　3.1.5　转动轴与转子支架连接螺栓

(1)500小时:检查螺栓是否锈蚀;全部螺栓依照额定力矩紧固一遍,重新做防腐和防松标记。

(2)全年:检查螺栓是否锈蚀;抽检10%螺栓按年检力矩进行紧固,如发现有一颗螺栓松动,则整个节点的螺栓全部紧固一遍。维护过程中若发现螺栓断裂,需要将断裂螺栓及左右各3颗螺栓更换,将更换下来的螺栓送检。

(3)防松标记颜色与施工时标记颜色不同,应予以区别。螺栓紧固时采用十字对角紧固。

(4)期望结果或数值:无松动,无锈蚀。

(5)偏差处理措施:除锈。重新紧固,紧固要求为 M30×190-10.9,1400 N·m(500小时检);1260 N·m(年检)。

◆　3.1.6　转动轴与转轴止定圈连接螺栓

(1)500小时:如图1.9所示,检查螺栓是否锈蚀。全部螺栓依照额定力矩紧固一遍,重新做防腐和防松标记。

(2)全年:检查螺栓是否锈蚀。抽检10%螺栓按年检力矩进行紧固,如发现有一颗螺栓松动,则整个节点的螺栓全部紧固一遍。维护过程中若发现螺栓断裂,需要更换断裂螺栓及左右各3颗螺栓,将更换下来的螺栓送检。

(3)防松标记颜色与施工时标记颜色不同,应予以区别。螺栓紧固时采用十字对角紧固。

(4)期望结果或数值:无松动,无锈蚀。

(5)偏差处理措施:除锈。重新紧固,紧固要求为 M24×110-10.9,720 N·m(500小时检)/650 N·m(年检)。

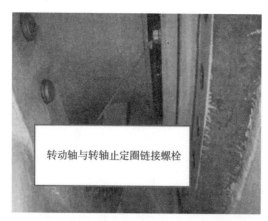

转动轴与转轴止定圈链接螺栓

图1.9　发电机转动轴与转轴止定圈连接螺栓

3.1.7　转子支架端盖板与转子支架连接螺栓

(1)500小时:检查螺栓是否锈蚀。全部螺栓依照额定力矩紧固一遍,重新做防腐和防松标记。

(2)全年:检查螺栓是否锈蚀。抽检10%螺栓按年检力矩进行紧固,如发现有一颗螺栓松动,则整个节点的螺栓全部紧固一遍。维护过程中若发现螺栓断裂,需要更换断裂螺栓及左右各3颗螺栓,将更换下来的螺栓送检。

(3)防松标记颜色与施工时标记颜色不同,应予以区别。螺栓紧固时采用十字对角紧固。

(4)期望结果或数值:无松动,无锈蚀。

(5)偏差处理措施:除锈。重新紧固,紧固要求为M16×110-10.9,220 N·m(500小时检)/200 N·m(年检)。

3.1.8　定轴止定圈与定轴连接螺栓

(1)500小时:检查螺栓是否锈蚀。全部螺栓依照额定力矩紧固一遍,重新做防腐和防松标记。

(2)全年:检查螺栓是否锈蚀。抽检10%螺栓按年检力矩进行紧固,如发现有一颗螺栓松动,则整个节点的螺栓全部紧固一遍。维护过程中若发现螺栓断裂,需要更换断裂螺栓及左右各3颗螺栓,将更换下来的螺栓送检。

(3)防松标记颜色与施工时标记颜色不同,应予以区别。螺栓紧固时采用十字对角紧固。

(4)期望结果或数值:无松动,无锈蚀。

(5)偏差处理措施:除锈。重新紧固,紧固要求为M24×110-10.9,720 N·m(500小时检);650 N·m(年检)。

3.1.9 转子与刹车盘连接螺栓

(1)500小时:检查螺栓是否锈蚀;全部螺栓依照额定力矩紧固一遍,重新做防腐和防松标记。

(2)全年:检查螺栓是否锈蚀。抽检10%螺栓按年检力矩进行紧固,如发现有一颗螺栓松动,则整个节点的螺栓全部紧固一遍。维护过程中若发现螺栓断裂,需要更换断裂螺栓及左右各3颗螺栓,将更换下来的螺栓送检。

(3)防松标记颜色与施工时标记颜色不同,应予以区别。螺栓紧固时采用十字对角紧固。

(4)期望结果或数值:无松动,无锈蚀。

(5)偏差处理措施:除锈。重新紧固,紧固要求为M30×190-10.9,1400 N·m(500小时检)/1260 N·m(年检)。

3.1.10 转子制动器与定子支架连接螺栓

(1)500小时:检查螺栓是否锈蚀;全部螺栓依照额定力矩紧固一遍,重新做防腐和防松标记。

(2)全年:检查螺栓是否锈蚀。抽检10%螺栓按年检力矩进行紧固,如发现有一颗螺栓松动,则整个节点的螺栓全部紧固一遍。维护过程中若发现螺栓断裂,需要更换断裂螺栓及左右各3颗螺栓,将更换下来的螺栓送检。

(3)防松标记颜色与施工时标记颜色不同,应予以区别。螺栓紧固时采用十字对角紧固。

(4)期望结果或数值:无松动,无锈蚀。

(5)偏差处理措施:除锈。重新紧固,紧固要求为M27×360-10.9,1050 N·m(500小时检)/945 N·m(年检)。

3.1.11 发电机动密封

(1)检查密封唇是否光洁并保持压紧,运行时如发出干摩擦声,添加Fuchsgleitmo 585k油脂,清理杂物及溢出油脂。

(2)期望结果或数值:密封唇光洁并保持压紧,运行时无干摩擦声。

(3)偏差处理措施:清理、加注油脂。

3.1.12 发电机进风过滤棉

(1)半年检查无异物、破损;每12个月更换。

(2)期望结果或数值:无异物,无破损。

(3)偏差处理措施:清理、破损需更换。

◆ 3.1.13 发电机主轴承检查

3.1.13.1 油脂加注

(1)机组停机,处于维护状态,按照叶轮锁定规范锁定叶轮。

(2)将润滑油脂装入油脂加注枪中,确保加脂工具的容器内和油管干净、无异物,且润滑脂内不得有任何异物。

(3)检查油嘴有无损坏。

(4)每个油嘴均匀加注,拆下相应油嘴再进行加脂,该油嘴加脂完成后安装恢复。前轴承加脂量800g/半年;后轴承加脂量600g/半年。

(5)期望结果或数值:油嘴无损坏,每个油嘴均匀加注。前轴承加脂量800g/半年;后轴承加脂量600g/半年。

(6)偏差处理措施:油嘴如有损坏进行更换。每个油嘴均匀加注,前轴承加脂量800g/半年;后轴承加脂量600g/半年。

3.1.13.2 轴承(前、后)的密封性

如图1.10和图1.11所示,进入轮毂内,通过手电观察前轴承密封圈处,通过发电机叶轮侧的3个人孔观察后轴承密封圈处。观察前轴承、后轴承密封圈处没有出现油脂挤出并且密封圈未发现老化裂纹则为“合格”,如果轴承密封圈处有少量油脂挤出,用大布处理干净后为“合格”,若密封圈出现老化裂纹,则进行处理并做好记录。

期望结果或数值:密封良好,无污垢。

偏差处理措施:清洁、密封,处理并记录。

图1.10 发电机前轴承密封圈

图1.11 发电机后轴承密封圈

◆ 3.2 发电机电气部分检查

◆ 3.2.1 发电机机侧开关柜

(1)检查前确保叶轮已经锁定。

(2)如图1.12和图1.13所示,机侧开关柜固定螺栓紧固,铜排及线鼻子连接螺栓紧固。

机侧开关柜所有盖板连接紧密,牢固,无变形。

（3）机侧开关柜内控制线缆及接地线绑扎牢固,端子排及线鼻子无放电、烧灼痕迹。

（4）机侧开关柜PG锁母固定牢固,可以锁紧电缆,如不能锁紧则使用密封胶泥进行密封。

（5）电缆接头绝缘层防护无破损,无发热变色,无发电、烧灼痕迹。

（6）断路器吸合正常,机械操作机构无灰尘,对操作机械、操作机构进行润滑保养。

（7）预期结果和数值:螺栓连接紧固,盖板连接紧密、牢固,绑扎牢固,连接牢固,密封可靠,绝缘层无破损、烧灼痕迹,断路器吸合正常。

（8）偏差及处理措施:重新紧固;调整盖板,重新紧固;检查控制线路。

图1.12　发电机机侧开关柜铜排及电缆连接

图1.13　发电机机侧开关柜处进线

第三部分　学以致用

问题1.简述发电机转轴和转子连接螺栓力矩校验的方法。

问题2.简述发电机进风过滤棉维护的周期及要求。

问题3.简述对发电机主轴承进行手动润滑加注油脂的操作步骤。

任务2 双馈发电机定期维护

◆ 1 任务目标

(1)能够使用吸尘器等工具,清理集电环腔室内碳粉。

(2)能够根据发电机维护作业指导书,更换发电机相碳刷和接地碳刷,要求碳刷型号一致。

(3)能够根据发电机维护作业指导书,对发电机轴承进行手动润滑,要求油脂型号正确,加注量误差≤±100mL。

◆ 2 任务说明

随着风力发电技术的进步,变速恒频风力发电机组得到了广泛的应用。双馈发电机是变速恒频发电机的一种,具有运行效率高、经济性好、功率因数可调节等优点,但同时也存在结构复杂、可靠性不高等缺点。双馈风力发电机的定期维护是风力发电机定期维护的重要内容,可以维持发电机良好的运行状态,提前排除故障隐患,保障电力生产安全平稳进行。

◆ 3 工作场景

双馈发电机定期维护集电环更换工作场景如图2.1所示。

图2.1 双馈发电机定期维护集电环更换工作场景

第一部分　格物致知

★★★　通过本部分学习应该掌握以下知识。

(1)双馈发电机的结构及功能。

(2)双馈发电机的工作原理。

◆　1　双馈发电机的结构及功能

◆　1.1　双馈发电机简介

双馈发电机(Doubly-Fed Induction Generator, DFIG)实质上是一种绕线式异步发电机。其定子结构与一般电机相同,由开槽的定子铁心和槽内均匀嵌放的三相定子绕组组成。其转子结构与一般电机有较大差别,具有空间相位差为120°的三相对称转子绕组,可以进行交流励磁,控制方式灵活,可以同时调节励磁电流的频率、幅值和相位,实现变速恒频发电,特别适应风电机组转速范围大的运行方式,在风力发电机组中得到了较为广泛的应用。但由于双馈发电机的运行需要集电环和碳刷,导致其结构较为复杂,需要经常进行维护。

◆　1.2　双馈发电机结构

双馈发电机主要由定子及其绕组、转子及其绕组、集电环及碳刷、轴承等部位组成,下面以一种1.5MW双馈风力发电机为例进行介绍。双馈发电机整机结构如图2.2所示。

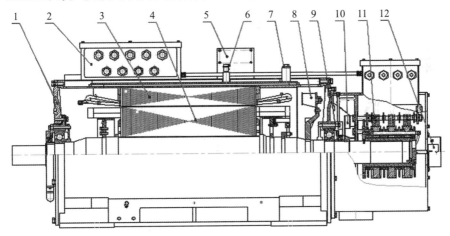

图2.2　一种1.5MW双馈风力发电机整机结构

1.D端盖；2.定子接线盒；3.定子铁心；4.转子铁心；5.注油泵；6.排气阀；7.进出水孔；8.风扇；9.ND端盖；10.风扇；11.集电环；12.编码器

◆ 1.2.1 双馈发电机定子及定子绕组

双馈发电机的定子铁心及定子绕组结构如图2.3所示。与一般电机相同,双馈发电机的定子铁心由相同规格的硅钢片沿发电机轴向叠压而成,以截断运行时的涡流回路,减小运行时的涡流损耗。定子铁心沿轴向开槽,用于放置定子绕组,定子绕组为三相对称绕组,与电网直接相连,可以将发电机发出的电能馈送给电网。

图2.3 双馈发电机定子及定子绕组

◆ 1.2.2 双馈发电机转子及转子绕组

双馈发电机转子及转子绕组结构示意如图2.4所示。双馈发电机转子为硅钢片叠压而成,沿轴向开槽,槽内嵌放空间相位互差120°的三相对称绕组,起到励磁作用。转子绕组通过变流器与电网柔性连接,根据发电机运行状态的不同,既可以从电网吸收电能,也可以馈送电能给电网。

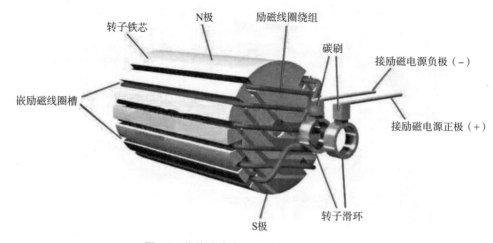

图2.4 绕线式发电机转子及转子绕组结构

◆　1.2.3　双馈发电机集电环及碳刷

不同于永磁直驱发电机的永磁磁钢励磁,双馈发电机采用的是电励磁方式,通过向转子绕组通入频率、幅值、相位可调节的三相交流电进行交流励磁,控制方式灵活。这种交流励磁方式需要集电环和碳刷进行配合来为转子绕组供电,发电机集电环及碳刷结构如图2.5所示。

◆　1.2.4　双馈发电机轴承

双馈发电机中的轴承一般安装于发电机前端和后端盖上,能够支撑发电机主轴,通过良好的润滑保证发电机转子平稳旋转。轴承的好坏直接影响到双馈发电机的安全稳定运行,需要定期对其检查维护。一种1.5MW双馈风力发电机轴承如图2.6所示。

图2.5　双馈发电机的集电环及碳刷架　　图2.6　一种1.5MW双馈发电机轴承

◆　1.3　双馈发电机工作原理

双馈发电机本质上是一种绕线式异步发电机。其定子侧与普通发电机相同,由定子铁心和三相定子绕组组成,定子绕组直接与电网相连,向电网馈送电能。双馈发电机与普通发电机的区别主要体现在其转子侧。其转子上布置有三相对称的转子绕组,可以通过调节转子绕组中输入电流的频率、幅值和相位来实现变速恒频发电。

双馈发电机的系统结构如图2.7所示。风机的叶轮吸收风能旋转,经齿轮箱增速后带动双馈发电机运转,发出的电能经发电机定子绕组输入电网。同时变流器以电网为电源建立交流励磁,通过集电环和碳刷馈入转子绕组。通过控制励磁电流的频率、幅值和相位,可以保证机组变速恒频运行。

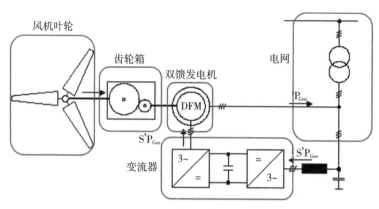

图2.7 双馈发电机系统结构

当双馈发电机的转子绕组中施加三相对称的交流电流时,就会在定转子之间的气隙中合成出一个相对于转子本身旋转的磁场。用 n_1 表示该磁场的转速,f_1 表示转子绕组中电流的频率,p 表示双馈发电机的极对数,则有

$$n_1 = 60 f_1/p \qquad (2.1)$$

由式(2.1)可以看出,改变加入转子的三相交流的频率 f_1,即可以改变旋转磁场的转速 n_1。实际运行中,如果转子自身的机械转速 n 与三相交流电流在转子表面产生的旋转磁场的转速 n_1(两者方向可以相同或相反)之和等于电网频率为50Hz的发电机的同步转速 n_s,即 $n_1 \pm n = n_s$,此时在发电机气隙中形成的同步旋转磁场就会在发电机定子绕组中感应出频率为50Hz的感应电动势。

从定子侧看,这与一般同步发电机具有直流励磁的转子以同步转速旋转时,在发电机气隙中形成的同步旋转磁场是等效的。因而,只要做到转子的机械转速 n 和三相交流电流在转子表面产生的旋转磁场的转速 n_1 互补,即 $n_1 \pm n \cong n_s$,就可以保证在不同的转子转速下,总能在定子绕组中感应出频率恒定的50Hz交流电,满足机组并网运行的要求,实现变速恒频发电。

双馈发电机一共有以下3种运行状态。

(1)当 $n < n_s$ 时,发电机工作在亚同步运行状态,在此种状态下,转子绕组中通入频率为 f_1 的电流产生的旋转磁场转速 n_1 与转子的旋转方向相同,此时有 $n + n_1 = n_s$,转子通过变频器从电网中吸收功率,定子直接馈送电能给电网。

(2)当 $n > n_s$ 时,发电机工作在超同步运行状态,此种状态下,改变通入转子绕组的频率为 f_1 的电流相序,则转子绕组中旋转磁场的转向与转子的转向相反,满足 $n - n_1 = n_s$。此时,转子通过变频器馈送电能给电网,定子直接馈送电能给电网。

(3)当 $n = n_s$ 时,发电机工作在同步运行状态,发电机的转子转速与定子合成磁场同步转速相同,转差率为0。这表明通入转子绕组的电流频率为0,也即直流电流,转子绕组感应出方向相对转子恒定不变的磁场。发电机作为同步电机运行,转子有功几乎为零,既不从电网吸收功率也不向电网馈送有功。变频器向转子提供接近于直流的无功励磁电流。

综上所述,双馈发电机具有以下特点。

(1)双馈发电机变速恒频的特点,适应了风力发电机组转速范围大的运行方式。其功率因数可调的特点,有利于风电场接入点的电网电压稳定性。

(2)双馈异步发电机所配变流器功率较小,只有总功率的30%左右,故风力发电机组整体的价格较低。同步发电机应用在发电机组中,需要用全功率变频器,导致风力发电机组整体成本较高。

(3)双馈异步发电机的缺点是具有集电环和碳刷结构,可靠性差,需要定期维护。

【小贴士】

随着我国风力发电机组单机容量的增加和技术的进步,变速恒频的发电方式得到了广泛应用。

其中双馈发电机相比于其他种类的发电机具有运行效率高、功率因数可调节、经济性好等优点,具有广阔的发展前景。但同时也因为集电环和碳刷的存在,导致其结构复杂,可靠性不足,需要经常维护。我们要充分了解不同风力发电机组的优缺点,在实际工作中根据它们的特点,有针对性地进行检修维护,做到理论联系实际,不断提高技术水平。

第二部分 知行合一

★★★ 通过本部分学习应该掌握以下技能:

(1)能够使用吸尘器,清理集电环腔室内碳粉。

(2)能够按照发电机维护作业指导书,更换发电机相碳刷和接地碳刷。

(3)能够按照发电机维护作业指导书,对发电机轴承进行手动润滑。

◆ 1 安全注意事项

(1)废弃物处理应遵守法律法规,避免造成环境污染。

(2)操作油脂加注枪时,应合理使用工具,避免误伤自己和其他人员。

(3)油脂加注过程中,应避免将油脂溅入口鼻、眼睛中。

(4)进行更换碳刷、清理集电环等作业时,必须确保制动器处于制动状态。如必须打开制动器,须避免手指卷入造成人身伤害。

◆ 2 工具及耗材清单

双馈发电机定期维护所需工具及耗材见表2.1。

表2.1 双馈发电机定期维护所需工具及耗材清单

序号	工具/耗材	数量	备注
1	13mm 两用扳手	1	
2	钢板尺	1	
3	润滑油枪	1	含 G1/2 锥形润滑嘴
4	G1/2 润滑嘴	2	
5	毛巾	若干	
6	碳刷	若干	与原厂所配碳刷型号一致
7	润滑脂	若干	根据发电机铭牌确定
8	清洗剂	若干	
9	垃圾袋	若干	
10	吸尘器	1	

◆ 3 操作步骤

◆ 3.1 集电环的清理

在双馈发电机的运行过程中,由于碳刷与集电环长期相互摩擦,会有碳粉落下,需要每三个月定期清理集电环腔室,以保证发电机正常运行。

(1)打开集电环罩两侧观察窗盖板,抽出发电机转子三相及接地环中4个靠下的碳刷。抽出碳刷时,注意首先要将压指弹簧向下掰开,然后再将碳刷从刷握中抽出。碳刷及压指弹簧位置如图2.8所示。

(2)缓慢转动发电机,观察集电环表面是否有划痕、点蚀、电灼伤、碳粉堆积等现象。

(3)拆下集电环罩两端侧板及底盖板,将底盖板上的粉尘收集并清扫干净。用吸尘器吸出集电环腔室内的碳粉。如果集电环表面有污渍残留,则用清洗剂清理干净。

(4)检查发电机集电环室下部排碳筒是否松动,如果松动,用一字螺丝刀加以紧固。如存在碳粉烧灼的痕迹,须及时更换排碳管。

(5)打开发电机底部的碳粉过滤器,取出内部的碳粉过滤网,用吸尘器或湿抹布清理滤网和过滤器内部的碳粉。

图2.8 碳刷及压指弹簧位置

◆ 3.2 相碳刷的更换

双馈风力发电机的碳刷属于易磨损部件,碳刷会随着发电机运行时间的增长而不断磨损,磨损严重的碳刷和滑环会给发电机的运行带来很大的安全隐患,需要定期检查更换。当碳刷与滑环接触面有坑点、毛刺、沟痕、磨损、裂纹等情况时需要更换,碳刷磨损掉2/3必须更换,一般碳刷的更换周期为6个月。

(1)取出需更换的碳刷:先拆下发电机后部集电环室观察窗盖板,将压指弹簧掰开,然后将碳刷从刷握中抽出。

(2)在发电机外部进行碳刷预磨,将碳刷磨出集电环面的弧度,以保证碳刷与集电环的接触面积,如图2.9所示。新碳刷圆弧研磨应与集电环圆弧相符,碳刷与集电环或接地环的接触面积不得小于碳刷面积的80%。

(3)磨完之后,用软布仔细擦净刷面,然后用刷子小心刷掉磨下的碎屑。用手指触摸碳刷,以确认没有异物。

(4)将磨好的碳刷装入刷握,并紧固碳刷接线端子。

(5)重新盖好集电环室观察窗盖板,用螺栓固定,注意要装好密封胶皮。

(6)在更换碳刷时须注意要与原厂所提供碳刷为同一型号,不同品牌型号的碳刷不能混用。

图2.9　发电机碳刷预磨

◆　3.3　轴承的手动润滑

在发电机运行过程中,必须注意轴承的合理润滑,如自动注油泵出现故障,一般每六个月可以通过手动注油装置注入新的润滑脂一次。当废油脂收集装置已满时应及时清理。下面主要介绍如何进行发电机轴承的手动润滑。

(1)在发电机接油盒下部机架上放置一个垃圾袋,作用是收集加脂过程中排出的废油脂。

(2)将装满润滑脂的油枪与发电机润滑点油嘴连接,试打压并确定连接可靠,油嘴无测漏。如有泄漏情况,须重新连接。如图2.10所示。

(3)电机低速运转时压入新润滑脂,直至发电机轴承排除新油脂。

(4)清理发电机轴承排油口处挤出的油脂,如图2.11所示。

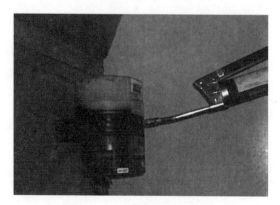

图2.10　发电机轴承手动润滑

图2.11　轴承排油口清理

(5)重新安装发电机接油盒,如图2.12所示。

(6)用垃圾袋包好废油脂妥善处理。

(7)注意:手动润滑过程中,具体的加脂量和油脂型号,须根据发电机本体的铭牌标示确定,如图2.13所示。

(8)除定期维护外,出现油脂硬化或油色变暗、油面上有水珠或尘垢聚集、轴承过热等情况时,需要立即更换新的油脂。

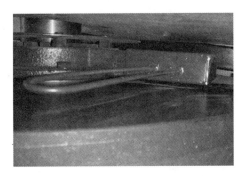

图2.12　发电机接油盒

图2.13　发电机铭牌

第三部分　学以致用

问题1. 请简述如何进行轴承的手动润滑。

问题2. 双馈发电机碳刷磨损到什么程度时必须进行更换?

问题3. 除定期维护外,出现哪些情况时必须为轴承更换新的油脂?

参考资料

[1]华锐风电.SL1500系列风力发电机组维护手册.

[2]新疆金风科技股份有限公司.双馈风力发电机-水冷发电机系统介绍及轴承相关问题分析与应对措施.

任务3 发电机接线定期维护

◆ 1 任务目标

能够按照机组定期维护指导书要求的技术规范,使用力矩扳手对母排与电缆连接螺栓进行力矩校验,力矩误差不得超过±5%(不考虑工具本身误差)。

◆ 2 任务说明

对于风电机组来说,螺栓主要起到连接和紧固机组各部件的作用。对螺栓紧固力矩的检测校验是整机或部件可靠性检查的重要环节,定期的螺栓力矩检查维护可以避免螺纹连接件在机组长期运行过程中由于各种原因导致的松动情况。对于发电机来说,需要按照机组定期维护指导书要求的技术规范,对母排与电缆连接螺栓进行力矩校验,保证母排与电缆线鼻子连接螺栓紧固,防止因发电机振动而导致连接不牢。

◆ 3 工作场景

发电机机侧开关柜中母排与电缆连接螺栓的力矩校验检查工作如图3.1所示。

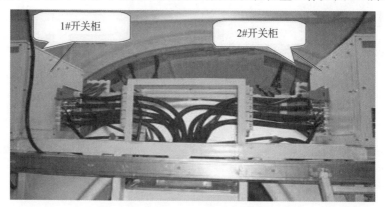

图3.1 GW2.0MW发电机机侧开关柜母排与电缆连接检查工作场景

第一部分 格物致知

★★★ 通过本部分学习应该掌握以下知识:

(1)对风力发电机机开关柜母排及电缆连接的认知。

(2)对风力发电机母排及电缆连接螺栓的认知。

◆　对发电机开关柜母排及电缆连接的认知

在风力发电机组中,发电机开关柜放置在机舱中,机侧开关柜中母排与电缆进行连接。其中,母排一般为纯铜制成,称为铜排,与动力电缆线鼻子通过连接螺栓进行固定,如图3.2所示。为保证母排与电缆的可靠连接,需要定期对连接螺栓力矩进行校验。

发电机机侧开关柜的母排及电缆线鼻子属于电气连接,通过相同规格的六角头螺栓进行紧固,如图3.3所示。GW2.0MW风力发电机母排及电缆连接螺栓采用M16螺栓,紧固力矩值为150 N·m。在螺栓紧固到规定力矩值后,用记号笔做防松标记,便于后期进行力矩校验。

图3.2　GW2.0MW风力发电机母排及电缆连接　　图3.3　GW2.0MW风力发电机母排及电缆连接螺栓

【小贴士】

发电机及其配套部件共同实现了风力发电机组由机械能到电能的转换,是风力发电机的核心部件。发电机的出线端进入发电机机侧开关柜,经机侧开关柜中母排与动力电缆的线鼻子相连,依靠螺栓进行紧固,保证二者连接紧密。

在日常检查维护中,需要定期使用力矩扳手对母排及电缆的连接螺栓进行紧固和力矩校验,以防止螺栓松动,并在紧固后做好标记,便于下次检查。检修人员应在实际工作中不断摸索高效工作方法,做到理论联系实际,不断提高技术水平。

第二部分　知行合一

通过本部分学习应该掌握以下技能:

能够按照机组定期维护指导书要求的技术规范,使用力矩扳手对母排与电缆连接螺栓进行力矩校验,力矩误差不得超过±5%(不考虑工具本身误差)。

◆ 1 安全注意事项

发电机母排及电缆连接螺栓的维护工作场景位于风机机舱内,工作的开展需要注意以下安全事项。

(1)在登塔工作前必须手动停机,并把维护开关置于维护状态,将远程控制屏蔽。

(2)维护风力发电机组时应打开塔架及机舱内的照明灯具,保证工作现场有足够的照明亮度。

(3)在登塔工作时,要佩戴安全帽,系安全带,并把防坠落安全锁扣安装在钢丝绳上,同时要穿结实防滑的胶底鞋。

(4)安全带必须与防滑块和缓冲绳一起使用,在攀爬梯子时,防滑块必须卡入防滑导轨,防滑块应与安全带胸前安全环相扣,严禁不挂防滑块爬塔架及在机舱外工作时不挂缓冲绳。

(5)把维修的工具、耗材等放进工具包里,确保工具包无破损。在攀登时应把工具包挂在安全带上或背在身上,切记攀登时不可掉下任何物品。

(6)在风力发电机组机舱内工作时,风速低于12m/s则可以开启天窗盖板盖,但在离开风力发电机组前要将天窗盖板合上,并可靠锁定。在风速超过18m/s时禁止登塔工作。

(7)在机舱内工作时禁止吸烟,工作结束后要认真清理工作现场,不允许遗留物品。

(8)在机舱工作时,要断开主开关,必须在主开关把手上悬挂警告牌,在检查机组主回路时,应保证与电源有明显断开点。

(9)维护工作结束后,应确保机组已处于正常状态,且工作人员已经全部离开机舱回到地面后再启动风机。

◆ 2 工具及耗材清单

发电机接线定期维护所需工具及耗材见表3.1。

表3.1 发电机接线定期维护所需工具及耗材

序号	工具/耗材	数量
1	力矩扳手	1
2	防水记号笔	1
3	抹布	1
4	清洁剂	1

◆ 3 操作步骤

◆ 3.1 母排与电缆连接螺栓的力矩校验

风机的发电机机侧开关柜位于机舱内部,发电机母排与动力电缆在机侧开关柜内经由连接螺栓进行连接。在风机定期维护时,需要校验连接螺栓的紧固力矩,保证母排与电缆线鼻子压接牢固可靠。操作步骤如下。

(1)必须使用经过精度校准的力矩扳手对螺栓进行力矩校验,应保证力矩扳手每年至少进行一次精度检测和校准,力矩扳手如图3.4所示。

图3.4　力矩扳手

(2)首先应通过目测的方法检查螺栓是否存在污迹、锈蚀、螺纹损坏等情况,如存在上述情况,应及时清洁或更换螺栓。

(3)螺栓在初次安装紧固后要做防松标记,具体做法为:用防水记号笔在按规定进行力矩紧固后的螺杆与螺母连接处画上竖线。需要通过目测的方法判断螺栓是否存在松动,如存在螺栓防松标记相对位置变动,需使用力矩扳手按规定力矩值紧固螺栓。

(4)依次对每个母排与电缆连接螺栓进行力矩校验。使用力矩扳手按规定紧固力矩值(150 N·m)逐个紧固连接螺栓。如重新紧固后的螺栓的防松标记位置变动,则在清理原防松标记后,用不同的颜色补画标记螺杆与螺母的相对位置。螺栓防松印记如图3.5所示。

(5)完成操作后清理工作现场,确保无遗留物品后,人员撤离。

图3.5　补画螺栓防松标记

第三部分　学以致用

问题1.发电机母排及电缆线鼻子连接螺栓的紧固力矩是多少?

问题2.若发现重新紧固后的连接螺栓防松标记位置发生变动,应如何处理?

问题3. 简述对发电机母排及电缆连接螺栓进行力矩校验的步骤。

参考资料

[1]新疆金风科技股份有限公司.2.0MW机组整机维护手册(变桨驱动器I型、变流器I型).

[2]金风2.0MW系列风力发电机组全生命周期维护手册·陆上.

[3]华锐风电.SL1500系列风力发电机组维护手册.

项目三　变流器定期维护

目　录

变流器定期维护是根据机组定期维护手册,在机组寿命周期内定期按照维护规范对变流器进行的预防性维护。通过定期维护,可以发现变流器机侧线缆、网侧线缆及断路器触头、灭弧装置的异常现象,以便及时进行维修、维护或更换,减少机组运行故障或安全隐患。通过对变流器控制器,预充电、散热系统的定期维护和检查,及时发现存在的隐患并进行处理,达到机组安全稳定运行的目的。变流器首次维护应在风机动态调试且正常运行500小时后进行,以后每6个月检查一次。定期维护工作必须由专业风电公司人员或接受过风电公司培训并得到认证的人员完成。

变流器定期维护必须按照维护指导手册进行,根据变流器每个分系统的详细功能进行测试和检查。定期维护人员必须掌握以下内容。

(1)对变流功率柜进行定期维护。

(2)对变流开关柜进行定期维护。

(3)对变流控制柜进行定期维护。

(4)对冷却系统进行定期维护。

任务1 变流器功率柜定期维护

◆ 1 任务目标

(1)熟悉变流器功率柜器件的组成和工作原理。
(2)掌握功率柜定期维护的方法和专用工具。

◆ 2 任务说明

功率柜是变流器系统重要组成,维护人员通过对功率柜内机网侧IGBT、制动单元及直流母排进行定期维护,及时发现变流器主要功率器件的隐患并进行处理。如果不能及时发展功率柜内IGBT、电容鼓包、母排变色等问题并进行消缺处理,会造成IGBT损坏、母排熔断、电容炸裂等情况。若不能及时发现功率柜内散热风扇启停控制的异常,会因局部过热造成批量IGBT或电容失效。

◆ 3 工作场景

◆ 3.1 柜内散热系统检测

检测温度传感器采集温度是否准确,功率柜散热风扇能否正常运行,风机旋转时是否有异响。功率柜内风冷散热如图1.1所示。

图1.1 功率柜内风冷散热

◆ 3.2 IGBT模块检查

检查IGBT模块电气连接、水冷管道连接、固定螺丝有无松动,检查IGBT模块母排、绝缘杆有无灼烧、绝缘老化的情况,滤波电容、支撑电容、制动电阻有无灼烧、鼓包、变色痕迹。功率柜内IGBT检查如图1.2所示。

图1.2 功率柜内IGBT检查

第一部分 格物致知

★★★ 通过本部分学习应该掌握以下知识:
(1)变流器功率柜的作用。
(2)变流器功率柜的结构。

◆ 1 变流器功率柜的作用

变流器是使电源系统电压、频率、相数和其他电量或特性发生变化的电气设备。当应用在风力发电机组中时,其主要作用为在叶轮转速变化的情况下,控制风力发电机组输出端电压与电网电压保持幅值和频率一致,达到变速恒频的目的,并且配合主控完成对风力发电机组功率的控制,且保证并网电能满足电能质量的要求。当电网电压发生故障时,在主控和变桨的配合下,在一定的时间内保持风力发电机组与电网连接,并根据电网故障的类型提供无功功率,支撑电网电压恢复。

变流器可以控制系统的有功功率和无功功率,灵活地控制发电机及电网的功率因数,有效地改善电网接入点的电能品质。在电机侧通过PWM整流器调节,可以实现永磁同步发电机的最大扭矩、最大效率、最小损耗控制。由于PWM整流器能实时监测到电机频率,通过震动扭矩补偿技术能有效地消除风力发电机组的低频震动,其灵活的控制性能对提高机组的稳定运行非常有利。

◆ 2 变流器功率柜的结构

风力发电机组变流器一般由预充电回路、电网侧主接触器、滤波单元、网侧电抗、网侧变流器、机侧变流器、机侧电抗和Crowbar等部分组成。

以GW2S机型为例,其配置的变流器由4个单柜组成,分别为控制柜、电抗器柜、IGBT柜1、IGBT柜2,如图1.3所示。控制柜内部主要是二次系统和网侧断路器;电抗器柜内是电抗器、网侧滤波电容和制动单元;IGBT柜1内是网侧逆变功率模块;IGBT柜2内是机侧整流功率模块。

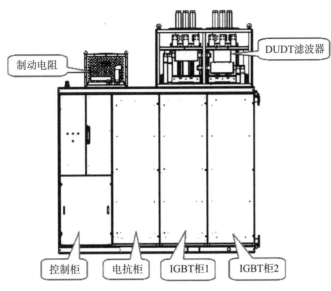

图1.3　变流柜组成

变流器的功率模块是实现变流器能量变换的最主要部分,由全控电力电子器件IGBT单元、铝电解电容,吸收电容,均压电阻等构成。以GW2S机型变流器为例,其变流器的功率模块共有13个,分别安装在IGBT柜1、IGBT柜2(图1.4)及控制柜中(图1.5)。

图1.4　IGBT柜1内部的功率模块

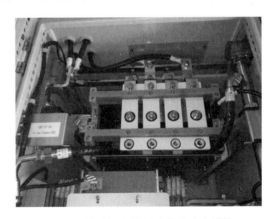

图1.5　控制柜内的制动单元功率模块

第二部分　知行合一

★★★　通过本部分学习应该掌握以下技能:

(1)能够目测检查出功率模块的损坏、固定不牢固、连接点有灼烧痕迹、绝缘不合格、防腐不完好等缺陷。

(2)能够目测检查出制动单元灼烧痕迹、防护网破损、杂物覆盖等缺陷。

(3)能够使用后台软件对变流器空水散热器和柜内除湿机进行功能检查。

(4)能够使用力矩扳手对变流器内各元器件和电缆连接螺栓进行力矩校验,力矩误差不得超过±5%。

(5)能够按照机组定期维护指导书要求的技术规范,检查变流器相关电路的电缆护套是否完好、绑扎是否牢固,并能够对识别的缺陷按照工艺要求进行整改。

(6)能够测量功率模块的管压降。

◆ 1 安全注意事项

(1)小心散热风扇的叶片。在变流器断电后,冷却风扇的叶片通常还会持续转动一段时间。

(2)小心烫伤。注意变流器内部的功率单元热表面、散热器、铜排、电阻、电感和电缆等部件,在变流器断电后需一定时间才能冷却。

(3)小心液体、灰尘和粉末。安装时,需要防止任何液体、灰尘和粉末进入变流器,从而引起变流器内部功率单元故障或损坏。特别注意:防止安装变流器时钻孔产生的铁屑进入变流器内部。

(4)注意通风与散热。确保变流器安装环境通风、散热良好,变流器的冷却要求得到满足。注意设备参数。在对变流器进行使用前的调试时,必须保证发电机和所有连接的设备适合在变流器的工作围内。

(5)只有具备资质的专业电气工程师才可以安装和维护变流器。

(6)在对设备进行安装和维护工作之前,要将连接箱式变压器和网侧电压检测回路的熔断开关拉开,此处直接连接到网侧升压变压器,即使变流器主断路器断开,上口仍带电。

◆ 2 工具及耗材清单

功率柜定期维护所需工具及耗材见表1.1。

表1.1 功率柜定期维护所需工具及耗材

序号	工具/耗材	型号/规格	数量
1	扭力扳手	20~100 N·m	1把
3	双头开口扳手	22mm	若干
4	万用表		1个
5	防松硅胶704		若干
6	直流钻		1个
7	一字螺丝刀		若干
8	加长杆		1个

3　操作步骤

当整个风力发电系统停止运行、变流器与电网分离,且切断控制电源,断开熔断开关后,才可以进行以下的维护工作!

(1)变流器维护时,必须在柜体断电5min后,才可打开柜门。

(2)在接触交直流铜排及电气元器件之前,应在万用表测量交直流电压为0V后,进行维护检查。

(3)在对网侧断路器维护时,必须切断箱变低压侧电源,必须做好防合闸保护措施。

3.1　变流器功率柜检查步骤

3.1.1　变流器柜体结构及外观检查

柜体安装牢固、接地线连接牢固,柜门密封条无脱落,柜门开、关自如,无变形。

3.1.2　变流器柜内器件检查

隔板齐全、无损坏,布设电缆绑扎牢固、无松动。柜内铜排及电缆连接螺栓无松动。器件固定牢固,连接点无放电、烧灼痕迹。

3.1.3　变流器柜内加热器及均热风扇检查

(1)分别调节温控开关设定值至最大值与最小值,观察加热器与散热风扇运行情况,测试后恢复温控开关初始值。

(2)调节温控开关设定值至高于当前环境温度时加热器启动。

(3)调节温控开关设定值至低于当前环境温度时散热器风扇启动,运行无振动异响。

3.1.4　变流器制动电阻检查

电缆无烧灼、老化、放电等痕迹。电阻箱防护网完整,无损坏。

3.2　变流器IGBT模块检查维护

(1)外观观察:观察IGBT没有明显爆炸、变色等现象,如外观存在异常,可直接进行更换。

(2)对IGBT7模块上桥臂测量,如图1.6所示。图1.6(a)图中红表笔(左)接模块交流端AC,黑表笔(右)接模块直流端DC+,万用表显示上桥臂反向并联二极管导通压降稳定值为0.2~0.4V。图1.6(b)图中黑表笔(左)接模块交流端AC,红表笔(右)接模块直流端DC+,万用表显示上桥臂正向压降值不断增大。

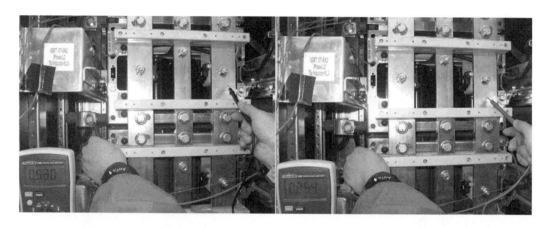

(a)红表笔(左)接模块交流端AC，
黑表笔(右)接模块直流端DC+

(b)黑表笔(左)接模块交流端AC，
红表笔(右)接模块直流端DC+

图1.6　IGBT在变流器中的接线

◆ 3.3　判断IGBT功能是否正常

(1)确认变流器断电或IGBT被取下时进行。

(2)将万用表拨在电阻挡,黑表笔接模块交流端AC,红表笔接模块直流端DC+,此时万用表的电阻值很大(约为几兆欧)。

◆ 3.4　变流器IGBT模块温控检查维护

变流器测温点一般包括IGBT模块温度、控制柜内部温度、功率单元温度、冷却系统温度等,故障触发后机组一般会停机或降功率运行,变流器内部温度一般控制在5~60℃,温度过高或过低会影响变流器各部件的工作性能。

(1)变流器结构及外观检查:柜体安装牢固,接地线连接牢固;柜门密封条无脱落;柜门开关自如,无变形。

(2)制动单元是指柜外的制动电阻和柜内的制动IGBT模块组成的制动单元,冷却液排空后,制动单元的更换维护方法同IGBT模块。

◆ 3.6　水风换热器检查维护

整个水冷系统中含有3个水风换热器,其中2个位于功率柜中,整流柜和逆变柜各1个;1个位于电抗柜中。3个散热器的更换维护方式相同。冷却液排空后,即可拆卸散热器的水管接头,拆卸过程中,接口处会有少量冷却液流出,注意对冷却液进行防护和收集。

(1)确认空水换热器水管接头是否紧固,防松标识是否有位移,连接处是否有水渍。

(2)空水换热器上无杂物,灰尘。

(3)空水散热器风扇运行正常,无杂音。

(4)电源线无磨损,绑扎牢固。

◆ 3.7 除湿机检查维护

(1)除湿机本体固定牢固,固定螺栓无松动,或防松标识无位移。

(2)电源线及控制线敷设绑扎牢固,排水管接头安装牢固无堵塞。

(3)除湿机工作正常。柜内湿度在合格范围内。若有故障则参照除湿机电气图纸排除故障。

◆ 3.8 电机侧DU/DT检查维护

(1)DU/DT固定螺栓紧固。

(2)电源线绑扎牢固,无老化、过温变色、烧灼痕迹。

(3)主电缆连接及铜排连接螺栓紧固,接线端子处绝缘防护无破损、过温变色、烧灼痕迹。

(4)箱体无变形、破损。

第三部分 学以致用

问题1.简述变流器功率柜检查步骤。

问题2.简述判断IGBT功能是否正常的步骤。

问题3.变流器功率柜水风换热器检查内容有哪些?

参考资料

[1]新疆金风科技股份有限公司.金风2.0MW变流器Ⅰ型产品使用手册.

[2]新疆金风科技股份有限公司.金风PCS09变流器Ⅰ型电气原理图.

[3]新疆金风科技股份有限公司.金风131-2.2/2.3机组产品技术说明.

[4]新疆金风科技股份有限公司.金风2.XMW产品线整机维护手册.

任务2 变流器开关柜定期维护

◆ 1 任务目标

(1)熟悉开关柜内器件工作原理。
(2)掌握变流器开关柜维护的方法和使用的专业工具。

◆ 2 任务说明

开关柜是发电机与变流器连接的重要组成,维护人员通过对开关柜内设备进行定期维护,及时发现电缆烧毁、断路器故障隐患并进行处理。定期维护完成后,各项指标达到开关柜运行的标准。如果对断路器本体、控制器件、灭弧装置的检查不及时,会造成断路器触头熔断、断路器故障;如果对机侧线缆接头、线缆压接的检查不及时,就会造成线缆、开关柜、发电机出线烧毁,甚至造成机舱着火;如果对霍尔传感器、过压过流模块的检查不及时,就会频繁报断路器故障,影响机组稳定运行。

◆ 3 工作场景

◆ 3.1 断路器维护

测试断路器分闸、合闸动作及断路器储能电机能否正常工作,打开前面罩检查断路器合闸、分闸线圈有无松动(图2.1)。

图2.1　断路器检查

3.2 线缆检查

检查断路器进出线压接和连接螺栓,有无变色或螺栓压接不实的情况,使用力矩扳手检查线缆紧固螺栓力矩,如图2.2所示。检查断路器灭弧装置及触头有无熔化、接触异常。

3.3 开关柜内电气检查

锁定叶轮,检查开关柜内霍尔传感器插头有无松动。检查开关柜侧面电器元件线缆连接有无松动,调整温控开关测试加热器和散热器能否正常工作(图2.3)。

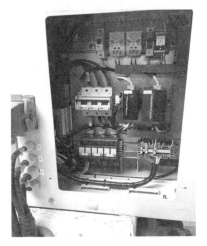

图2.2 开关柜主回路检查   图2.3 开关柜内电气检查

第一部分 格物致知

★★★ 通过本部分学习应该掌握以下知识:
(1)低压断路器的基本原理。
(2)开关柜电气原理图识图。

1 低压断路器的基本原理

1.1 低压断路器简介

低压断路器也称自动空气开关,它主要用在交流、直流电路中,既可手动又可电动分合电路,且可对电路或用电设备实现过载、短路和欠电压等保护,当它们发生严重的过载或短路及欠压等故障时能自动切断电路,其功能相当于熔断器式开关与过欠热继电器等组合,是一种重要的控制和保护电器。断路器都装有灭弧装置,因此,它可以安全地带负荷合闸与分闸。

◆ 1.2 低压断路器分类

低压断路器按结构形式,可分为框架式(也称万能式)(图2.4)和塑壳式(图2.5)两种。

框架式断路器:图2.4所示为ABBT7断路器,可以由用户自由选配脱扣器额定插件来改变额定电流,也可以选配数据记录仪,记录所有的事件和电气值,方便进行数据分析。

图2.4 框架式断路器

图2.5 塑壳式断路器

◆ 1.3 低压断路器的结构及原理

◆ 1.3.1 低压断路器的结构

(1)主触点:接通或断开主电路。当手动或电动合闸时,主触点闭合,当电路发生短路、过载、欠压情况时主触点断开。

(2)自由脱扣机构:自由脱扣机构的作用是当主触点闭合后将主触点锁在合闸位置上,当保护机构动作时,脱扣器解锁。

(3)灭弧系统:当主触点断开时,灭火室内铁栅片会感应出很强的磁性,把电弧吸引进栅片,分段燃烧掉,从而保护触头不受损坏。

(4)脱扣器:分为过电流脱扣器、热脱扣器、欠压脱扣器、分励脱扣器。

(5)操作机构:用于分合闸操作。

◆ 1.3.2 低压断路器工作原理

低压断路器的工作原理如图2.6所示。

(1)当手动或电动合闸后,自由脱扣机构把主触点锁在合闸位置上,主电路接通。

(2)过流脱扣器线圈和热脱扣器热元件都和负载串联,当电路发生短路故障或严重过载时,过流脱扣器衔铁吸合,推动自由脱扣机构动作。

(3)当电路发生过载情况时,热脱扣器热元件发热,使双金属片弯曲,把自由脱扣机构顶起,主触点断开。

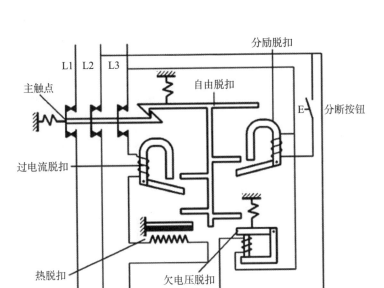

图2.6　低压断路器工作原理图

（4）图2.6中欠压脱扣器线圈并联在L2和L3之间，当电源电压欠压时，欠压脱扣器线圈吸引力不足，衔铁被弹簧拉起，推动自由脱扣机构动作。

（5）分励脱扣器作为远距离控制用，在正常工作时线圈是断电的，当需要远距离控制时，按下按钮，分励脱扣器线圈得电，衔铁吸合，推动自由脱扣器动作，主触头断开。

◆ 2　开关柜电气原理图

◆ 2.1　断路器图形符号

在电气原理图中，断路器常用Q或QF表示，如图2.7所示为有储能电机、带有过流和过载保护功能的低压断路器图形符号。

◆ 2.2　电气原理图

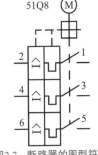

图2.7　断路器的图型符号

在风力发电机组变流器中，变流器开关柜一般在发电机输出端和变流器du/dt滤波器之间。

以GW2S机型为例，变流器开关柜安装在机舱中，其俯视图如图2.8(a)所示，分别有进线电缆和出线电缆。进线电缆主要是开关柜与风力发电机出线连接，接线见表2.1；出线电缆主要连接du/dt滤波器。此外，开关柜内还有断路器储能电机电源、合闸状态、合闸信号和欠压信号等控制和状态指示信号。

13

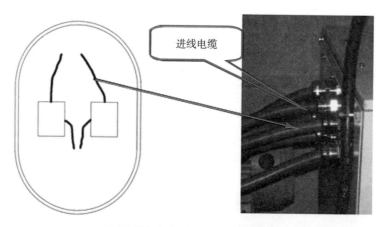

(a)开关柜机舱俯视图及进线电缆

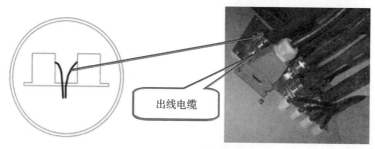

(b)开关柜机舱正视图及出线电缆

图2.8　开关柜进出线电缆

表2.1　开关柜一次电缆接线

开关柜1	开关柜2	发电机	电缆规格
51X5:1		U1	$3-2\times150mm^2$
51X5:2		V1	
51X5:3		W1	
	51X9:1	U2	$3-2\times150mm^2$
	51X9:2	V2	
	51X9:3	W2	

第二部分　知行合一

★★★　通过本部分学习应该掌握以下技能：

(1)能够通过目测检查出断路器冷压连接器连接是否牢固。

(2)能够通过目测检查出开关柜断路器绝缘部分过热变形、灭弧罩烧坏。

(3)能够对断路器进行常规检查。

1 安全规定

1.1 安全设备

在对开关柜进行检修及维护时,需要以下安全设备:护目镜、绝缘手套、安全帽、绝缘鞋、安全衣及安全绳(图2.9)。

护目镜　　　绝缘手套　　　安全帽　　　绝缘鞋　　　安全衣及安全绳

图2.9 安全设备标识

1.2 维护工作中的安全规定

(1)正确选择和使用适当的个人防护装备,确保个人的人身安全,并接受使用培训。

(2)明确掌握风机爬梯防跌落装置、防跌落锚固点位置及紧急停机按钮的位置等。

(3)正确、果断地判断项目现场天气状况及天气预报对于开展维护工作的影响。

风速超过8m/s时,不能进行叶片和叶轮起吊作业。

风速超过8.3m/s时,不能使用吊篮;

风速超过10m/s时,不能吊装塔筒、机舱和发电机;

风速超过10m/s时,禁止提升物品;

风速超过11m/s时,严禁进行叶轮锁定及进入叶轮工作;

风速超过12m/s时,不得打开天窗,不得出机舱作业;

风速超过15m/s时,禁止在机舱内工作;

风速超过18m/s时,禁止攀爬风机。

(4)风机内禁止存放易燃物品及杂物。

(5)电气维护工作涉及低压电气设备合闸送电时,应根据相关安全规定做好安全措施。

(6)进行柜内电气元件检查时,必须将设备切断电气连接,并且验电后方可开始操作;电气元件进行功能测试时须有人看护,一旦发生触电危险,应及时救护。

2 维护前的准备工作

2.1 维护前注意事项

(1)遵守项目现场的维护工作管理制度的要求,通知风电场有关人员开展维护工作的计划,并做好相关措施和防护工作,如在规定位置悬挂"禁止合闸"的安全标识牌等。

(2)维护工具和维护物料准备齐全。

(3)仔细阅读维护手册和维护清单,明确维护工作的内容,对维护工作的结果有预判。

(4)项目现场无极端天气情况(如雷电、雷雨等)且风速不超过可以开展维护工作的风速限值。

(5)维护工作开始前,检查并排除风机控制系统内的故障信息。

(6)风机停机,然后钥匙开关旋至"维护"位置,并悬挂警示牌。

在对断路器进行维护前应注意以下内容。

(1)用万用表交流挡测量断路器连接母排无电压、电流,确认断路器上、下侧都不带电。

(2)手动操作使断路器分闸,查看储能弹簧标识位置,确保储能弹簧已释能。

(3)将断路器摇到"DISCONNECTED"隔离位置;

(4)在特别维护保养(如对断路器内部进行检查和维护)时,须将断路器从柜内取出至操作台。

(5)对固定式断路器或抽出式断路器的固定部分进行维护时,要将主电路和辅助电路断电,同时把电源侧和负载侧的端子在显目位置接地。

◆ **2.2 断路器维护保养的必备工具**

对断路器进行维护保养前应准备以下工具,如图2.10所示。

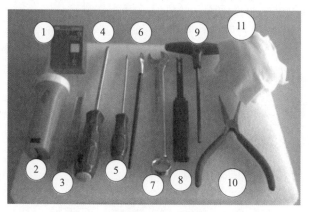

图2.10 断路器维护保养必备工具

1. PR 030/B电池单元;2. 手电筒;3. 刀片;4. PH2十字螺丝刀;5. 一字螺丝刀;6. 小毛刷;7. 17#固定扳手;8. 3.2卡圈插;9. 5#内六角扳手;10. 尖嘴钳;11. 薄棉布。

◆ **3 维护项目的操作步骤**

◆ **3.1 开关柜外观的检查**

对开关柜进行日常维护时,应注意柜体安装牢固,柜门密封条无脱落,柜门开、关自如,无变形;外部接线插头和PG锁母扣紧。

用干布清除断路器上的污垢,用酒精等非腐蚀性的清洁剂清除油渍。

检查断路器标牌是否完好,并用干布清洁断路器上的铭牌。

检查前面板是否破损,如破损则更换。

◆ **3.2 检查断路器冷压连接器连接是否牢固**

断路器进线及出线应使用冷压连接器(线鼻子)与断路器相连接,冷压连接器外观如图2.11 (a)所示,应根据不同线径选择相应规格的冷压连接器;冷压连接器的应用如图2.11(b)所示。

对开关柜内断路器进行检查维护前,应先确认断路器进线与出线侧都不带电,然后才可对断路器进行检查,是否有器件不牢固、接线松动、线鼻子因过热而导致发黑变色的现象存在。

(a)冷压连接器外观   (b)冷压连接器应用

图2.11 断路器冷压连接器及其应用

◆ **3.3 检查开关柜断路器绝缘部分是否过热变形,灭弧罩是否烧坏**

(1)目测断路器绝缘部分有无过热变形和变色现象。正常状态时,绝缘部分应保持浅灰色。

(2)检查断路器灭弧室本体(图2.12)状态,灭弧室本体必须完好无损,灭弧片没有腐蚀或破损,并用小毛刷清除灰尘和炭渣。

图2.12 断路器灭弧室和灭弧片

◆ 3.4 断路器常规检查

(1)检查断路器室内是否有异物,如有异物,用小毛刷清除。

(2)检查主触头是否脱落或过度磨损。

(3)检查内部螺钉是否松动,合闸连杆卡圈是否完好(图2.13)。

(4)检查储能弹簧铜或铝合金支架是否破损(图2.14)。

(5)检查储能电机上的螺钉是否松动,按下微动开关拨杆,检查拨杆是否灵活(图2.15)。

(6)对于抽出式开关,检查摇入、摇出是否顺畅,在断路器摇出时,检查固定部分的红色安全挡板能否自动落下。

图2.13 断路器内部螺钉和合闸连杆卡圈

图2.14 储能弹簧铜或铝合金支架

图2.15 储能电机螺钉及微动拨杆

第三部分　学以致用

问题1.简述断路器由哪些部分组成。

问题2.简述断路器的工作原理。

问题3.断路器常规维护项目有哪些?

参考资料

[1]GW-14FW.0487金风2.XMW系列风力发电机组全生命周期维护手册·陆上.

[2]金风2.0MW变流器I型产品使用手册.

[3]ABB断路器维护保养操作指南.

[4]ABBTmax系列断路器使用手册.

任务3 变流器控制柜定期维护

◆ 1 任务目标

(1)熟悉变流器控制柜主要功能、工作原理。
(2)掌握变流器控制柜维护方法和使用的专业工具。

◆ 2 任务说明

控制柜是变流器的核心控制部分,包括变流器控制PLC、网侧断路器和预充电部分(图3.1和图3.2)。维护人员通过对开关柜进行维护,及时发现网侧断路器、网侧线缆压接及变流控制器存在的缺陷并及时处理。定期维护完成后,可实现变流器预充电及变流器控制功能。如果对网侧断路器和网侧线缆维护不及时,会有网侧过流或线缆烧毁的风险。如果变流控制器、预充电回路检查不及时,就会有预充电失败、预充电电阻烧毁或控制异常隐患。

图3.1 变流器控制柜外观

图3.2 变流器控制柜内部

◆ 3 工作场景

◆ 3.1 网侧断路器检查

检查网侧线缆有无变色、烧熔痕迹,通过变流器测试,检查网侧断路器合闸、分闸、储能电机的工作性能,并检查分、合闸线圈是否牢固(图3.3)。

◆ 3.2 控制柜电气检查

检查控制柜230V供电和24V供电回路,当断开开关电源后,ups供电和蓄电池供电是否满足运行要求。检查柜内散热风扇和加热器是否正常启动。检查控制柜内电气插头有无松动或打火痕迹。检查预充电接触器有无卡滞,预充电电阻阻值是否在标定范围,线缆压接位置有无打火、烧毁痕迹(图3.4)。

图3.3 网侧断路器检查

图3.4 控制柜内电气检查

第一部分 格物致知

★★★ 通过本部分学习应该掌握以下知识:

(1)变流器控制柜的组成。

(2)变流器控制柜内各控制器的作用。

◆ 1 控制柜的结构

GW2.0MW变流器使用分布式控制器对变流器进行控制,整个变流器控制系统包括网侧控制器、机侧控制器、制动控制器和变流器PLC,各个控制器设备之间通过CAN、DP、以太网等方式进行连接。具体拓扑如图3.5所示。

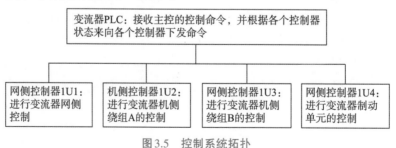
图3.5 控制系统拓扑

◆ 2 变流器控制柜内各控制器的作用

◆ 2.1 变流器PLC

变流器PLC如图3.6所示,其主要功能是接收主控的控制命令,并根据各个控制器的状态向控制器下发命令;同时收集各个控制器的状态数据,上传给主控制器。

图3.6 变流器PLC

◆ 2.2 变流器网侧控制器

网侧控制器如图3.7所示,主要控制网侧逆变器功率模块IGBT的通断,实现将直流逆变成三相交流;同时跟踪采集IGBT出口电流,经过计算后得到调制信号,从而控制输出有功功率和无功功率。

◆ 2.3 变流器机侧控制器

通过实时采集发电机定子电流,经过计算和调制后形成机侧变流器功率模块的驱动信号,使风力发电机发出的交流电能变换为直流电能。其外观如图3.8所示,机侧控制器1和机侧控制器2结构、功能和接线等方面均一致。

◆ 2.4 变流器制动控制器

制动回路用于释放直流侧过多的能量,防止直流侧母线过电压损坏变流器。当直流母线电压超过1220V时,制动控制器控制制动回路IGBT导通,通过卸荷电阻消耗直流母线多余的能量;当直流母线电压小于1220V时,关断制动回路IGBT,从而达到控制直流母线电压的目的。制动控制器外观如图3.9所示。

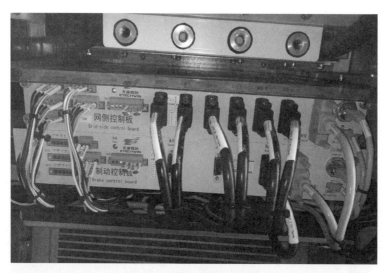

图3.7　变流器网侧控制器

图3.8　变流器机侧控制器

图3.9　制动控制器

【小贴士】

碳中和

　　碳中和是指企业、团体或个人通过植树造林、节能减排等形式，抵消自身一定时间内直接或间接产生的二氧化碳排放量，实现二氧化碳"零排放"的过程。

第二部分　知行合一

★★★　通过本部分学习应该掌握以下技能：

(1)通过目测检查出变流器控制柜内接线端子及插头是否存在不牢固现象。

(2)通过目测检查出变流器控制柜内线缆及接头是否存在老化现象。

(3)通过目测检查出变流器控制柜内各种接头是否存在烧灼痕迹。

◆　1　安全规定

(1)正在接受培训的人员对风力发电机组及其变流器进行任何操作时,必须有至少一位经验丰富的技术人员在场持续监督。

(2)必须有至少两人同时进行风机变流器工作。

(3)工作人员除了对机组设备了解外,还须具备下列知识:

了解可能存在的危险、危险的后果及预防措施;

了解危险情况下对变流器和整机应采取何种安全措施;

能够正确地使用安全设备;

能够正确地使用防护设备;

熟悉风力发电机组和变流器的操作步骤及要求;

熟悉与风力发电机组相关的故障及其处理方法;

熟悉正确使用工具的方法;

熟知急救知识和技巧。

不具备以上知识的人员不得操作风机变流器。

(4)进行变流器维护作业时必要的防护设备包括:

在风力发电机组内部工作时,要戴有锁紧带的安全帽;

穿防护服或合适的工服;

戴棉布手套(处理强电线缆设备时,使用合适的绝缘手套);

穿橡胶底防护鞋。

(5)注意在移动功率单元时,因单元比较重且重心较高,须小心处理,否则处理不当容易倾倒。

(6)意在变流器断电后,冷却风扇的叶片通常还会持续转动一段时间。

(7)注意变流器内部的功率单元热表面、散热器、铜排、电阻、电感和电缆等部件,在变流器断电后需一定时间才能冷却。

(8)变流控制器的印刷电路板包含对静电非常敏感的元件。在处理这些电路板时,必须佩戴导电手腕;应避免不必要的电路板接触。

◆ 2 维护前的准备工作

(1)在对设备进行安装和维护工作之前,须拉开熔断开关1Q6,1Q6上端连接至网侧升压变压器,即使变流器主断路器断开,1Q6上口仍带电。

(2)在对变流器进行维护前,必须在变流器下电后等待8min,以便对变流器直流侧电容和网侧滤波的电容进行放电。随后用万用表测量两侧进线与地之间的电压(万用表交流档),测量母线正、负铜排与地之间的电压(万用表直流挡),测量网侧滤波电容器正负极之间的电压(万用表直流档),确认电压接近零后,方可进行工作。

(3)当变流器主空开未断开或外部控制电路通电时,不能对控制电缆进行处理。即使变流器的主空开已经与电网断开,外部供电的控制电路也可能会引起变流器内部出现危险电压。

(4)在对变流器进行绝缘测试前,须保证变流器已可靠接地并已将主空开断开。不要对变流器的驱动设备、电路板、模块等进行任何绝缘或耐压测试。在测量变流器的一些绝缘电阻或耐压情况时,必须注意将相关的低压设备、模块等断开。

(5)在维护或安装工作中,对于将要被操作的电缆、裸露铜排、电抗器、电容器、断路器金属连接部分,必须先使用万用表进行电压测量,确保不存在危险的交流电压、直流电压时方可操作。

◆ 3 维护项目操作步骤

◆ 3.1 控制柜外观检查

对变流器进行日常维护时,应注意柜体安装牢固、接地线连接牢固,柜门密封条无脱落,柜门开、关自如且无变形。

◆ 3.2 检查控制柜内接线端子及插头是否存在不牢固现象

在对变流系统柜体内部进行检查维护时,应注意必须在断电8min之后再进行测量等操作。

对控制柜内接触器、断路器、直流稳压电源、接线端子等部位进行目测检查,观察是否存在器件脱落、烧灼、过热变色以及接线松动和接插不牢固等现象。

◆ 3.3 检查控制柜内线缆及接头是否存在老化现象

观察控制柜内线缆接头及绝缘层有无破损,因发热导致变色、线缆绝缘层开裂等现象。

◆　**3.4　检查控制柜内各种接头是否存在烧灼痕迹**

观察控制柜内线缆有无烧灼(因发热变黑)痕迹,观察冷压连接器、线号管、器件和导线连接处螺丝有无发热变色和烧灼痕迹。

第三部分　学以致用

问题1.简述变流器维护作业时必要的防护设备有哪些。

问题2.简述变流器维护前的准备工作。

参考资料

[1]GW-14FW.0487金风2.XMW系列风力发电机组全生命周期维护手册·陆上.

[2]GW2.0MW变流器I型产品使用手册.

任务4 冷却系统定期维护

◆ 1 任务目标

(1)熟悉变流器冷却系统的主要器件、工作原理。
(2)掌握变流器冷却系统的维护方法和使用的专业工具。

◆ 2 任务说明

冷却系统是变流器系统的重要组成部分,维护人员通过对冷却系统进行定期维护,及时发现变流器冷却系统水冷压力、水冷管路、柜内散热风机存在的隐患并进行处理。定期维护完成后,各项指标须达到冷却系统定期维护的标准。如果对水冷压力、水冷管路和散热风扇维护不及时,就会造成水冷系统缺水导致的水冷压力故障、电机联轴器干磨、变流器散热效率差等隐患,严重影响变流器的稳定运行。

◆ 3 工作场景

◆ 3.1 水冷系统压力的检查

通过水冷系统泄空阀排出管路中冷却液到容器中,使用手持式压力表检测膨胀罐压力,使用补气泵补气至1.2bar,再补充冷却液至压力为2.0bar(图4.1)。

◆ 3.1.1 水冷管路的检查

检查水冷管路接头有无松动渗漏痕迹,塔底有无冷却液。查看水冷管卡箍接头有无松动和冷却液渗漏情况,如图4.2所示。

◆ 3.1.2 外部散热风扇的检查

检查外部散热风扇散热片是否有异物堵塞并清理,散热风扇叶片是否正常。启动散热风扇,检查电机运行方向是否与标识一致,电机运行有无异响,如图4.3所示。

图4.1　水冷系统压力的检查　　　　　　　　　　图4.2　水冷管路的检查

图4.3　外部散热风扇检查

第一部分　格物致知

★★★　通过本部分的学习应掌握以下知识：

（1）变流器冷却系统的结构。

（2）变流器冷却系统各部件的作用。

◆ 变流器冷却系统的组成和工作原理

变流器冷却系统包括配管系统、水风换热系统、除湿系统和连接管路等,其拓扑图如图4.4所示。

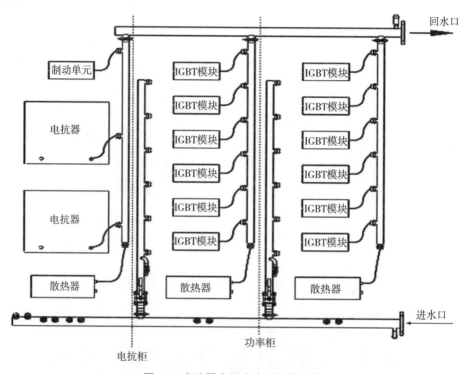

图4.4 变流器内部水冷系统的拓扑

水冷主机中的水泵驱动恒定压力和流速的冷却介质源源不断地流经变流器功率器件冷板和柜内水风换热器,带出热量后通过外部散热器与大气进行热交换,将热量散发到空气中,维持变流器的温升在设计限值以内。

◆ 1 配管系统

以GW2S机型的变流器水冷系统为例,变流器产生的热量均通过流经各器件的液体介质带走。连接变流器内部各器件的管路网络在设计上称为配管系统。配管系统由主进水管、主回水管、分水管和各条软管组成。配管系统和所有器件的集合称为变流器内部水冷系统。系统从下部进水,上部出水,主进水管设置卸空阀,用于系统放水,主回水管设置自动排气阀,系统加水时打开,用于自动排气,排气完成后关闭。水冷系统中,配管系统包含两条大的支路,分别为功率柜支路和电抗柜支路,功率柜支路从上至下依次并联6个IGBT模块和1个散热器;电抗柜支路从上至下依次并联1个制动单元、2个电抗器和1个散热器。

◆ 2　水风换热系统

变流器柜体采用全封闭设计,对外无空气交换,所有柜内热量均通过水风换热的形式交换出去。散热风扇采用集中式设计方式通过合理的风道设计进行分风均流,保证每一个发热器件的风量、风速需求。在风道路径上,通过水风换热器将柜内空气热量交换到水冷介质中,达到散热的目的,如图4.5所示。

◆ 3　除湿系统

变流器柜体内部设置除湿机,采用半导体制冷芯片原理(帕尔帖效应),形成局部冷端,当除湿机冷端温度低于空气露点温度时,会产生凝露,将空气中的水分析出,达到降低空气绝对湿度的目的,如图4.6所示。

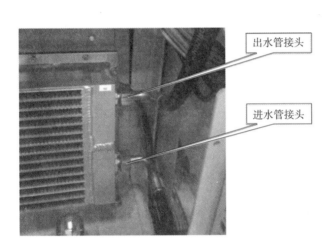

出水管接头

进水管接头

图4.5　换热器水管接头

图4.6　柜内除湿机

【小贴士】

碳排放

碳排放是人类生产经营活动过程中向外界排放温室气体(二氧化碳、甲烷、氧化亚氮、氢氟碳化物、全氟碳化物和六氟化硫等)的过程。

目前碳排放被认为是导致全球变暖的主要原因之一。我国碳排放最大占比(54%)来源于电力和供热部门在生产环节中化石燃料的燃烧。

第二部分 知行合一

★★★ 通过本部分学习应该掌握以下技能。

(1)能够正确对水冷管道进行检查和维护,要求水冷管道无变形、无裂纹、无泄漏、安装牢固、无泄漏。

(2)能够按照机组定期维护指导书要求的技术规范,使用吸尘器、空气压缩机等设备清洗变流冷却系统(散热器、滤芯、风扇),要求清洗后无杂质、异物堵塞。

(3)能够使用补水装置,按照水冷系统补水作业指导书,填补冷却水,要求冷却液型号正确。

(4)能够根据作业指导书检查和调节冷却液压力,知道如何通过数据分析提前预防水压故障,要求调整误差不大于0.05MPa。

(5)能够正确处置更换下来的冷却液。

(6)能够判断储压装置内部压力是否正常,如有异常知道如何处理。

(7)能使用软件对水冷系统进行功能测试。

◆ 1 安全注意事项

一般情况下,水冷系统需要每月定期检查系统泄漏和工作压力情况。水冷系统正常运行以后,检查水路管道各个法兰连接处是否存在渗水现象。检查前必须先使用干净的卫生纸清理法兰连接处的水渍。

在检修时应注意以下4点:

(1)切断电源;

(2)卸压断开设备;

(3)把介质排放到合适的容器中;

(4)检修时应防止烫伤,待系统冷却后进行维护。

冷却系统工作介质一般为乙二醇和纯净水的混合物,其中乙二醇为有毒物质,使用时应避免直接接触皮肤。

◆ 2 工具及耗材

冷却系统定期维护所需工具及耗材见表4.1。

表4.1 冷却系统定期维护所需工具及耗材

序号	工具/耗材	型号/规格	数量
1	活动扳手	25mm	1

续表

序号	工具/耗材	型号/规格	数量
2	一字起		1
3	端子起		1
4	万用表	通用型	1
5	对讲机	通用型	1
6	吸尘器	通用型	1
7	毛刷	通用型	1

◆ 3　操作步骤

◆ 3.1　变流器冷却系统放水的操作

在变流器的右下角,主进水管的接口法兰处,设置有卸空阀门。变流器放水时将阀门打开,使用1/2寸的胶管连接阀门门锥接头,将冷却液放入事先准备好的容器中。放水完成后将阀门关闭。

注意:乙二醇冷却液属于低毒性物料,放水时应注意人身保护,带橡胶手套,避免入口;如乙二醇溅入口腔、眼睛,应立即用大量水冲洗。

◆ 3.2　变流器冷却系统排气的操作

在变流器的右上角,主出水管的接口法兰处,设置有自动排气阀。变流器加水时,打开排气阀(拧松排气阀顶部红帽)进行排气,排气完成后,将排气阀关闭(拧紧排气阀顶部红帽)。

注意:自动排气阀有极低的失效率,自动排气阀失效时排气阀对液体没有密封能力,若拧开顶部红帽,排气阀会向外喷水。变流器放水时,应将自动排气阀打开,此时排气阀充当进气口。

◆ 3.3　水冷管道的检查维护

(1)检查水冷管接口无渗漏。
(2)检查各单元模块分水管接口是否渗漏。
(3)检查电抗器水管及接头是否渗漏。

◆ 3.4　冷却液的处理

冷却液每3年更换一次,如果当地冷却液供应商给出的更换年限大于3年,以供应商的数据为准;更换下来的冷却液须回收处理,不可随意倾倒。更换方法及回收要求应按照TC-00FW.0030执行。

◆ 3.5 水冷系统压力检测

静压2.0bar,压力正常。

◆ 3.6 水冷系统气囊压力检测

如果水冷系统压力不稳定,在补水和加水之前,须对气囊的压力进行检查。气囊静压为1.2bar。

◆ 3.7 变流器冷却系统清洗

(1)水冷管路滤芯维护:水冷管路内部滤芯每5年清洗一次。

(2)空气散热器清洗:板翅芯体无灰尘聚集,每2年清洁一次(维护时间根据项目现场实际情况确定,如风沙区域、环境恶劣项目和过温的机组整年清洁一次)。

(3)水冷管路滤芯清洗:水冷管路内部滤芯每5年清洗一次。

◆ 3.8 变流水冷系统功能测试

观测水冷交换机系统及变流器上位机界面,变流器的进出水口温差应不超过5度、变流器水冷流量应在330L/min以上。

第三部分 学以致用

问题1.简述变流器准冷却系统的放水操作步骤。
问题2.简述变流器散热器定期维护的内容。

参考资料

[1]新疆金风科技股份有限公司.金风2.0MW变流器I型产品使用手册.
[2]新疆金风科技股份有限公司.金风PCS09变流器I型电气原理图.
[3]新疆金风科技股份有限公司.金风131-2.2/2.3机组产品技术说明.
[4]新疆金风科技股份有限公司.金风2.XMW产品线整机维护手册.

项目四 偏航系统定期维护

目　录

任务1 偏航电机定期维护

◆ **1 任务目标**

(1)清晰了解偏航系统中偏航电机的结构。

(2)掌握偏航电机定期维护的实际操作技能。

◆ **2 任务说明**

(1)能够使用塞尺测量电机电磁刹车间隙,要求误差不大于0.1mm。

(2)能够准确测量偏航电机电磁刹车片厚度。

◆ **3 工作场景**

偏航电机定期维护工作场景如图1.1所示。

图1.1 偏航电机定期维护工作场景

◆ **第一部分 格物致知**

★★★ 通过本部分学习应该掌握以下知识:

(1)偏航电机的功能。

(2)偏航电机电磁刹车装置的结构。

图1.2 偏航电机

◆ 1 偏航电机的功能

风力发电机组的偏航电机(图1.2)一般采用多极交流电机,可用接触器直接投切方式,也可用连接变频器软启动的投切方式。

偏航电机的功能是为偏航提供动力,当风速变化时,使机舱能够围绕塔筒旋转,并在运行时始终正对风向。

◆ 2 偏航电机电磁刹车装置的结构

偏航电机的轴末端有一个电磁刹车装置,用于在偏航停止时使电机锁定,从而将偏航传动锁定。附加的电磁刹车手动释放装置在需要时可将手柄抬起,刹车释放。

电磁刹车装置主要由励磁部分(磁轭、制动线圈、制动弹簧和衔铁)、制动盘,压力盘等主要零部件组成。励磁部分通过固定螺钉安装在机座上,旋合固定螺钉调整工作间隙至规定值后,反向旋出空心螺栓,顶紧励磁部分。当制动线圈断电时,在制动弹簧的作用下,压力盘和制动盘接触产生摩擦力,通过电机轴使电机制动。当制动线圈通电后,在电磁力的作用下,压力盘被吸向制动线圈,使其与制动盘分开,电机轴制动解除,其结构如图1.3所示。

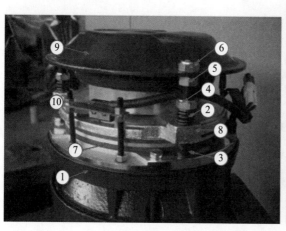
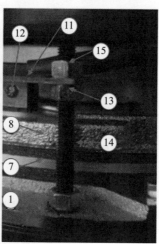

图1.3 偏航电机电磁刹车装置

1.后盖(制动表面);2.弹簧;3.制动调节器;4.制动扭矩调节锁紧螺母;5.气隙调节螺母;6.锁紧螺母;7.制动盘;8.制动运动件;9.制动线圈;10.微型开关;11~15微型开关全套元件

【小贴士】

> 偏航系统是风电机组在既有风况条件下实现机组最大发电的关键系统。传统偏航系统在偏航动作过程中强烈的刹车摩擦带来的噪声和机械冲击等问题影响机组的稳定运行,同时刹车片的磨损也大幅提高了风电机组的维护成本和时间。为解决这一问题,中国海装研究院团队创造性地采用了电机电磁阻尼力矩作为偏航保持力矩,突破了传统液压制动提供偏航保持力矩的禁锢,实现了"零压偏航"。
>
> 相比传统偏航系统,电磁阻尼偏航系统可解决风电机组偏航系统的噪声、摩擦、机械冲击等问题,并可实现更加精准的偏航和系统的容错工作。该技术推广应用后,可降低风场机组的运维成本,为客户创造更高价值。

第二部分　知行合一

★★★　通过本部分学习应该掌握以下技能:

(1)能够使用力矩扳手校验偏航电机与偏航减速器连接螺栓力矩,要求误差不得超过±5%(不考虑工具本身误差)。

(2)能够使用塞尺测量电机电磁刹车间隙,要求误差不大于0.1mm。

(3)能够测量偏航电机电磁刹车片厚度。

◆　1　安全规定

(1)郑重提示:操作人员在作业全过程须严格遵守国家、行业及公司的相关安全规定。

(2)在各种机型要求的安全风速下登机作业。

(3)将作业所需的工器具放置在机舱合适位置。

(4)作业过程中,操作人员应确保周围无潜在影响作业的危险因素。

(5)废弃物处理遵照当地法律法规,避免造成环境污染。

(6)偏航电机电磁刹车间隙检查作业前,必须确保偏航电气回路已断电。

(7)操作过程中带好劳保手套等防护用品,防止夹伤。

(8)风速超过11m/s时严禁锁定叶轮。

(9)严格按照操作步骤进行操作,严禁私自改变操作顺序。

◆　2　工具及耗材

偏航电机定期维护所需工具及耗材见表1.1。

表1.1　偏航电机定期维护工具及耗材

序号	名称	规格/型号	数量
1	塞尺	09401 （100mm，14片）	1套
2	活动扳手	47203 （8″250mm）	1把
3	开口扳手	21mm	1把
4	T系列十字螺丝批	63507 （#1×75mm）	1把
5	开口扳手	13mm	1把
6	轴用曲口卡簧钳	72022（7″）	1把
7	柜体钥匙		1把
8	网线		1条
9	笔记本电脑		1台
10	内六角扳手	6mm	1把

3　操作步骤

3.1　停机维护

（1）按下主控柜上面的停机按钮，等待风机切换至停机状态（图1.4）。

图1.4　主控柜停机按钮位置

（2）旋转主控柜上面的维护钥匙至维护模式，等待并网指示灯熄灭，网侧断路器断开后方可登机操作（图1.5）。

图1.5　主控柜维护钥匙

◆　3.2　锁定叶轮

（1）叶轮刹车,对准定子侧锁定销及转子侧锁定销孔,详细步骤、操作手柄及观察窗口如图1.6所示。

（2）观察叶轮锁定销旁观察窗内发电机定子侧箭头标识与转子标识状态。

（3）两个标识将要对准时按下维护手柄"刹车"按钮并保持。

（4）观察叶轮锁定销旁观察窗内发电机定子侧箭头标识与转子标识状态。

（5）若未完全对准,需要松开"刹车"按钮,重新对准标识。

图1.6　叶轮锁定观察窗及操作手柄

（6）两个标识完全对准时,拨动叶轮锁定旋钮至"锁定"状态,通过止退销孔观察锁定销状态。锁定销缓慢向内插入锁定销孔后停止,如图1.7所示。

（7）进入网页监控面板,打开"主要信息"查看"叶轮锁定状态"。锁定后"叶轮锁定1"及"叶轮锁定2"为"True"。操作手柄"叶轮锁定"指示灯亮。网页监控面板显示如图1.8所示。

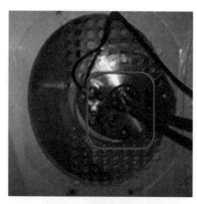

图1.7 叶轮锁定状态

安全链	
叶轮锁定	False
叶轮释放	True
扭揽开关	False
振动开关	False
过速1	True
过速2	True
机舱急停	True
塔底急停	True
变流安全链	True
安全门锁	True

图1.8 网页面板显示叶轮锁定状态

◆ 3.3 偏航电机制动器间隙检查及调整作业步骤

◆ 3.3.1 关断电源

作业前,确保电源断开。将机舱柜主电源开关旋至"OFF"位置或断开偏航电机供电回路。

◆ 3.3.2 拆卸制动手柄、拆卸风罩

(1)使用活动扳手旋松制动手柄,拆下制动手柄。

(2)使用十字螺丝批拆卸固定风罩的4颗螺钉,取下偏航电机,如图1.9所示。

◆ 3.3.3 测量间隙

(1)移开防尘圈,沿电磁制动器周向检查间隙。使用塞尺测量间隙(图1.10)。

图1.9　拆卸固定风罩

图1.10　测量间隙

（2）如果间隙值大于等于厂家规定的最大运行制动允许间隙值（见表1.2），必须按4.3.5节步骤调整间隙。

表1.2　最大运行制动允许间隙值

序号	制动器厂家	最大允许工作间隙/mm
1	英托克	0.75
2	普瑞玛	1

◆　3.3.4　拆卸风扇

使用卡簧钳拆下固定风扇的弹性挡圈。使用开口扳手向上撬出风扇时，需在圆周方向均匀使力（图1.11）。

◆　3.3.5　调整间隙

使用6mm内六角扳手旋松内六角螺钉。使用21mm开口扳手旋动调节螺管。间隙调整完毕后，旋紧内六角螺钉。旋动调节螺管时，使用塞尺检测，确保圆周方向间隙调整至0.3~0.4mm（图1.12）。

图1.11　拆卸风扇

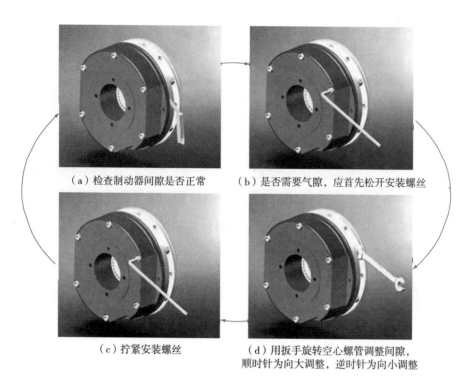

（a）检查制动器间隙是否正常　　　（b）是否需要气隙，应首先松开安装螺丝

（c）拧紧安装螺丝　　　（d）用扳手旋转空心螺管调整间隙，顺时针为向大调整，逆时针为向小调整

图1.12　调整间隙

3.3.6　恢复作业

依次重新安装防尘圈、风扇、风罩。恢复偏航电机的供电。紧固固定风罩的螺钉时,须使用螺栓锁固胶。

3.3.7　清理现场并启机

工作完成后现场不得遗漏物料和工具。工作现场应干净无脏污。旋转主控柜上的维护钥匙至"operation"位置。按下主控柜上的"start"按钮,"ready"指示灯点亮。"operation"指示灯和"grid connection"指示灯点亮,机组并网。

3.4　偏航电机的电磁刹车片厚度测量作业步骤

3.4.1　停机并关断电源

按下主控柜上的"stop"按钮。旋转主控柜上的维护钥匙至"repair"位置。"Gird connection"指示灯和"operation"指示灯熄灭,"ready"灯点亮。网侧断路器断开。将机舱柜主电源开关旋至"OFF"位置或断开偏航电机供电回路。

3.4.2　拆卸制动手柄

使用活动扳手旋松制动手柄,拆下制动手柄(图1.13)。

3.4.3　拆卸风罩

使用活动扳手或者十字螺丝批拆卸固定风罩的3颗螺钉,取下风罩(图1.14)。

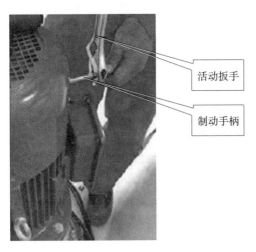

活动扳手

制动手柄

图1.13　拆卸制动手柄

图1.14　拆卸风罩

3.4.4　测量刹车片厚度

移开防尘圈,如图1.15(a)所示。摩擦片分为上下两片,如图1.15(b)。使用塞尺测量摩擦片厚度,如图1.15(c)。观察摩擦片单边磨损量,若磨损过大,则更换摩擦片。

3.5　整理及恢复现场

3.5.1　收拾工具

清点带入现场的工具,确保没有工具落在现场。

（a）移开防尘圈

（b）摩擦片

（c）测量摩擦片厚度

图1.15　测量刹车片厚度

3.5.2　打扫卫生

检查工作现场,打扫卫生,确保不能有垃圾遗留。

◆ 3.5.3 松叶轮

(1)拨动叶轮锁定旋钮至"释放"状态,通过止退销孔观察锁定销状态。锁定销缓慢向外退出锁定销孔后停止。

(2)进入网页监控面板,打开"主要信息"查看"叶轮锁定状态"。锁定后"叶轮锁定1"及"叶轮锁定2"为"False"。操作手柄"叶轮锁定"指示灯熄灭(图1.16)。

安全链	
叶轮锁定	False
叶轮释放	True
扭揽开关	False
振动开关	False
过速1	True
过速2	True
机舱急停	True
塔底急停	True
变流安全链	True
安全门锁	True

图1.16　网页面板显示叶轮锁定状态

(3)松开维护手柄"刹车"按钮。

(4)消除故障启机,通过网页监控面板,检查风机是否有故障,若无故障,恢复机组启机。

第三部分　学以致用

问题1.简述如何检查偏航电机制动器的间隙和调整作业的步骤。

问题2.简述偏航电机的电磁刹车片厚度测量的操作步骤。

问题3.简述偏航电机的结构和功能。

参考资料

[1]金风MW机组偏航电机电磁刹车摩擦片厚度测量作业指导书.

[2]GW-12FW.0179_金风兆瓦机组偏航电机制动器间隙检查作业指导书_归档版_A.

任务2 偏航减速器定期维护

◆ 1 任务目标

(1)清晰了解偏航减速器的结构。

(2)掌握偏航减速器定期维护的实际操作技能。

◆ 2 任务说明

(1)能够使用铅丝测量驱动齿轮与偏航轴承外齿圈齿侧间隙测量,保证间隙值在额定值范围内,误差不大于0.1mm。

(2)能够根据环境温度进行加油和放油,要求润滑油位满足不同温度下的运行要求。

(3)能够使用专用油样瓶从偏航齿轮箱的取样口完成油品的采样,保证取样过程中样品不被污染、油品不污染部件表面。

(4)能够使用手动注油枪加注偏航减速器轴承油脂。

◆ 3 工作场景

偏航减速器定期维护工作场景如图2.1所示。

图2.1 偏航减速器定期维护工作场景

第一部分 格物致知

★★★ 通过本部分学习应该掌握以下知识:

(1)偏航减速器的结构。

(2)偏航减速器的润滑和冷却。

◆ 偏航减速器的结构及功能

偏航减速器(图2.2)的作用为将偏航电动机发出的高转速低扭矩的动能转化成低转速高扭矩的动能,以驱动偏航轴承旋转,从而可以驱动重量巨大的机舱和叶轮转动,如图2.3所示。减速器的传动形式通常采用四级行星传动,采用浸没式润滑,大部分传动齿轮都浸没在润滑油中。

图2.2 偏航减速器

图2.3 偏航减速器在机组中的位置

第二部分 知行合一

★★★ 通过本部分学习应该掌握以下技能:

(1)能够使用铅丝测量驱动齿轮与偏航轴承外齿圈齿侧间隙测量,保证间隙值在额定值范围内,误差不大于0.1mm。

(2)能够根据环境温度进行加油和放油,要求润滑油位满足不同温度下的运行要求。

(3)能够使用专用油样瓶从偏航齿轮箱的取样口完成油品的采样,保证取样过程中样品不被污染、油品不污染部件表面。

(4)能够使用手动注油枪加注偏航减速器轴承油脂。

◆ 1 安全规定

(1)操作人员在作业全过程须遵守国家、行业及公司的相关安全规定。

(2)在各机型要求的安全风速下登机作业。

(3)将作业所需的工器具放置在机舱合适位置。

(4)作业过程中,操作人员应确保周围无潜在影响作业的危险因素。

(5)废弃物处理遵照当地法律法规,避免造成环境污染。

(6)操作油脂加注枪时,合理使用工具,避免误伤自己和其他人员。

(7)油脂加注过程中,避免将油脂溅入口鼻、眼睛中。

(8)操作过程中带好劳保手套等防护用品,防止夹伤。

(9)风速超过11m/s时严禁锁定叶轮。

(10)严格按照操作步骤进行操作,严禁私自改变操作顺序。

◆ 2 工具及耗材

偏航减速器定期维护所需工具及耗材见表2.1。

表2.1　偏航减速器定期维护工具及耗材

序号	名称	规格/型号	数量
1	油脂加注枪		3把
2	开口扳手	13mm	1把
3	换油设备	WR30102气动排油机/8.0800.1017 WR30201电动注油机/8.0800.1018	1套
4	内六角扳手		1套
5	活动扳手	250mm	1把
6	扭力扳手	400N·m	1把
7	大布		适量
8	柜体钥匙		1把
9	网线		1条
10	笔记本电脑		1台
11	直尺		1把
12	铅丝	D=3mm,L=1.2m	按需
13	游标卡尺	150mm	1把
14	润滑油	shell Omala HD150/HD320	1桶
15	油壶	10L	2个
16	油漏		1个
17	棘轮扳手	250mm	1把
18	吊带	1t-3m	1根
19	卸扣	1t	2个
20	斜口钳		1把
21	揽风绳	110mm	1根
22	记号笔		1支

◆ 3 操作步骤

◆ 3.1 停机维护

(1)按下主控柜上面的停机按钮,等待风机切换至停机状态。

(2)旋转主控柜上面的维护钥匙至维护模式,等待并网指示灯熄灭,网侧断路器断开后方可登机操作(图2.4)。

图2.4 主控柜停机按钮及维护钥匙

◆ 3.2 测量驱动齿轮与偏航轴承外齿圈齿侧间隙

◆ 3.2.1 操作步骤

(1)手动偏航找到偏航轴承大端位置,如图2.5所示。

(2)将两根8~9cm的铅丝固定在偏航减速器的齿面上,要求铅丝距齿轮上下端面各20~30mm。

(3)手动偏航将减速器铅丝位置压过偏航轴承大端位置后,停止偏航。

(4)将压过的铅丝拿起,双面最薄处合在一起,使用游标卡尺测量厚度,如图2.6所示。

(5)按以上步骤测量其他减速器与偏航外齿圈齿侧间隙。

图2.5 偏航轴承大端位置

图2.6 游标卡尺测量铅丝厚度

◆ 3.3 偏航减速器排油和加油

◆ 3.3.1 减速器齿轮箱

(1)连接气动排油机正压气管。将电源线接至机舱220V电源插座。图2.7为接正压气管。

(2)减速器齿轮箱排油：

①排油操作前应确保减速器连续运行10min左右，确保油品底部杂质能够被搅动起来。

②旋下加油螺塞，将正压气管接至减速器加油口，旋下放油螺塞，安装快插接头，使用油管连接旧油桶与减速器放油口快接插头（图2.8）

图2.7 接正压气管

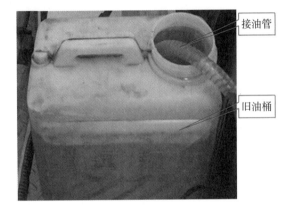
图2.8 接排油管、旧油桶

③启动气动排油机加压排油；当排油管有空气排出后，再继续排气2~5min，尽量排净旧油；停止气动排油机，拆下正压气管，如图2.9和图2.10所示。

(3)使用吸油管将电动注油机的进油口与新油桶连接；使用注油管将电动注油机的出油口与减速器的放油口连接；将电源线接至机舱220V电源插座。电动注油机如图2.10所示。

(4)偏航减速器的油位规定：在环境温度低于-10℃时，油位在油窗下限至1/4之间；高于-10℃时，油位在油窗下限至3/4之间。

(5)螺塞必须洁净，不得沾有污染物。拆卸螺塞在重新安装时必须更换密封垫圈。安装螺塞时注意对正螺栓，均匀用力。发现密封垫圈损伤，应立即更换。

(6)启动注油机加注新油。当发现油标尺里有油的时候立即停机，等待约10min，如果油量不足，再通过电动注油机加注新油至规定量。安装加油孔螺塞及密封垫圈，并拧紧螺塞。拆卸放油孔快接插头，并旋入放油孔螺塞，按照要求使用力矩扳手拧至规定的力矩。

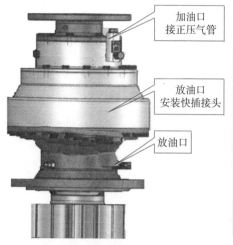

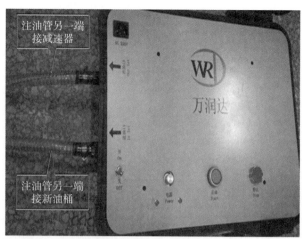

图 2.9　偏航减速器加油口、放油口　　　　图 2.10　电动注油机

◆　3.4　整理现场并检查试运转

(1)擦拭干净工作现场;收集所有多余物料、工具、垃圾、安装等。

(2)废油集中交给有处理资质的部门、机构或企业,不得随意处置。

(3)检查所有螺塞,并且有效预紧;检查通气阀;检查润滑油油位正确。

(4)空载条件下运行5~10min,检查螺塞是否足够拧紧。

(5)启动电机运行30min,每5min记录一次油温,注意减速器是否有异常声响,检查是否有渗油点,检查油位。

(6)总计运行10h后,检查各连接件是否足够预紧,检查有无渗油,检查油位。

◆　3.5　风机偏航齿轮箱油品采样

◆　3.5.1　严格取样

油品作为反映齿轮箱运行的重要信息,定期准确地取样及油品检测一方面能够比较真实地反映齿轮箱本身的运行状况,另一方面也是监控油品变化趋势、维护及处理油品的重要参考。因此风场油品取样送检必须严格按照取样程序进行操作。

◆　3.5.2　取样安全说明

确保在安全的工作条件下,取样过程可能需要抽取热油,高温可能造成烫伤,因此必须遵循安全规程。当在高压管线和热系统上取样以及在靠近电气设备或者从排放管线上取样时,应该特别小心。

3.5.3　取样前的准备

(1)取样前要仔细检查取样瓶是否完好、内部是否有异物、瓶盖是否完好严密。

(2)取样前要先填写好油样标签,每个样瓶必须正确填写标识标签,必须填写的信息包括公司名称、风场名称、风机编号、取样日期等。

(3)取样时先清洁齿轮箱周围,确保取样时无污染。取样应在风机停机后30min内进行。当风机故障停机较长时间,取样时必须手动盘车20min,同时启动电动润滑油泵,这样提取的油液才能反映齿轮箱的真实油品情况。取样时须确保在取样瓶中提取足够的样品。所提取样本的液位保持在取样瓶容量的80%处较好,从而能够确保具有足够的样本用于完成所有的测试。

3.5.4　取样操作步骤

(1)油品取样点为齿轮箱润滑油过滤器的顶部排气管(图2.11)。

(2)从齿轮箱上拧下排气管,用干净抹布擦干净排油口,确保排油口处无污物后,方可取样。

(3)取样前启动齿轮箱润滑泵,让排气管排空空气并使存留的油液循环起来。取样过程中严禁戴手套,以免脏物掉落于取样瓶内,先排放50~100mL润滑油至废油瓶,之后的油品方可作为正式油样。取样时应启动齿轮箱润滑泵,应注意排油口与取样瓶口保持约1cm,严禁插入瓶内。此外,须保证取样瓶的瓶盖旋开后放置在合适的位置(将瓶盖口朝下,用手指夹住瓶盖外表面,直接悬空拿在手中的方式),始终保持瓶盖干净不受污染(图2.12)。

(4)取样完成后,应立即盖上取样瓶盖,取样瓶封闭后立即粘贴标签(图2.13),将取样瓶放入对应的密封袋中,防止油品在运输过程中泄露。

图2.11　偏航齿轮箱油品取样点

图2.12　偏航齿轮箱取样瓶取样位置

检测中心油样标签		
项目/风电场/公司名称	甘肃安北天润第二风电场	
风机品牌 金风科技	风机型号	GW121/2000
风机编号 F50	取样部位	发电机前轴
油品名称 低温润滑脂	油品型号	力富SHC460WT
取样日期 2022年4月19日	风机开始运行时间	2021年3月12日
取样人 李炜	样品使用时间	2021年3月至2022年4月

图2.13 取样瓶粘贴标签

◆ 3.5.4 油品送检

风场完成齿轮箱油品取样工作后,应及时汇集样品送至指定的油品检测公司。所有油品取样至送检时间应控制在1个月以内,避免因样品存放时间过长影响其检测结果。油样未送检前应保存在通风、干燥及避光的地方。

◆ 3.6 偏航减速器轴承内部加注油脂

(1)偏航减速器轴承排脂油路清理:偏航减速器轴承没有收集油脂的集油瓶,用一字螺丝刀插入排脂油路内,平衡内外部压力并对排脂油路进行清理,清理后安装集油瓶。

(2)对偏航减速器轴承齿圈进行清洁和涂抹润滑油脂。

(3)对偏航减速器轴承齿圈进行清洁。

(4)油脂加注之前,须对偏航减速器轴承齿圈进行清洁,保证偏航减速器轴承齿圈干净无异物。

(5)明确油脂型号及用量,油脂加注之前,须检查油脂是否干净无异物。

(6)油脂加注枪准备:检查油脂加注枪是否正常、部件是否完整。拉出油脂加注枪的拉杆,装入黄油,使黄油顶部成锥形,避免将空气混入黄油中。将黄油装入枪盖内,按下锁片,推入拉杆到底。旋入枪筒,推拉活塞手柄,并反复旋动枪筒,排除空气,出油后旋紧枪筒。操作步骤如图2.14所示。

(7)安装注油嘴至注油口,开始向偏航减速器轴承加注油脂,选取合适的注油嘴,并将注油嘴连接在注油口上(若注油孔处安装的为堵头,则选取软管形式的注油嘴;若注油孔处安装的为直插式油嘴,则选用铁管形式的注油嘴)。

注意:油脂加注过程中,在每一个注油口均匀加注适量油脂,避免出现油脂加注不均匀的情况!

（a）往管内加满黄油

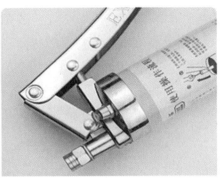

（b）旋紧枪头

（c）按下排气按钮，排出多余空气

（d）向内推拉杆止钮，将拉杆推回原位

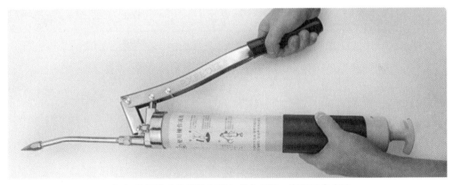

（e）反复拉动拉杆排出嘴内多余空气，直至正常出油

图2.14　油脂加注枪准备流程

◆ 3.7　整理及恢复现场

◆ 3.7.1　清洁现场

（1）收拾工具,清点带入现场的工具,确保没有工具落在现场。

（2）打扫卫生,检查工作现场,确保不遗留垃圾。

◆ 3.7.2 松叶轮

(1)拨动叶轮锁定旋钮至"释放"状态,通过止退销孔观察锁定销状态。锁定销缓慢向外退出锁定销孔后停止。

(2)进入网页监控面板,打开"主要信息"查看"叶轮锁定状态"。锁定后"叶轮锁定1"及"叶轮锁定2"为"False"。操作手柄"叶轮锁定"指示灯熄灭(图2.15)。

(3)松开维护手柄"刹车"按钮。

(4)消除故障启机,通过网页监控面板,检查风机是否有故障,若无故障,恢复机组启机。

安全链	
叶轮锁定	False
叶轮释放	True
扭揽开关	False
振动开关	False
过速1	True
过速2	True
机舱急停	True
塔底急停	True
变流安全链	True
安全门锁	True

图2.15 网页面板显示叶轮锁定状态

第三部分 学以致用

问题1.简述风机偏航齿轮箱油品采样的操作步骤。

问题2.简述测量驱动齿轮与偏航轴承外齿圈齿侧间隙的操作步骤。

问题3.简述偏航减速器的结构及功能。

参考资料

[1]GW-07FW.0176,金风2.5MW机组变桨减速器更换作业指导书,A.3.

[2]GW-14FW.0487金风2.XMW系列风力发电机组全生命周期维护手册·陆上.

[3]风电主齿轮箱油品取样技术规范.

[4]GW-00FW.0445_金风兆瓦机组偏航和变桨减速器快速换油作业指导书_归档版_B.

[5]GW-00FW.0445_金风兆瓦机组偏航和变桨减速器快速换油作业指导书_归档版_A.

任务3 偏航轴承定期维护

◆ 1 任务目标

（1）清晰了解偏航轴承的结构。
（2）掌握偏航轴承定期维护的实际操作。

◆ 2 任务说明

（1）能够使用液压力矩扳手校验偏航轴承连接螺栓力矩，要求误差不超过±5%。
（2）能够检查和更换偏航轴承润滑管路和管接头，要求更换后油脂无泄漏。

◆ 3 工作场景

偏航轴承定期维护工作场景如图3.1所示。

图3.1 偏航轴承定期维护工作场景

第一部分 格物致知

★★★ 通过本部分学习应该掌握以下知识：
偏航轴承的结构。

◆ 偏航轴承的结构

偏航轴承采用带外齿圈的四点接触球轴承，属于回转支承。轴承采用"零游隙"设计以增加整机的运转平稳性，增强抗冲击载荷能力；对风偏航响应速度更快。偏航轴承结构如图

3.2所示。

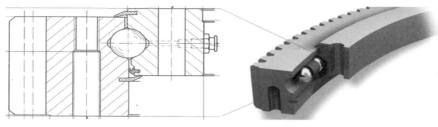

图3.2　偏航轴承结构

【小贴士】

　　尽管我国装备制造业快速发展,但为重大装备配套的高端轴承却大部分依赖进口。此外,大型风力发电机轴承、深井钻机转台轴承、海上钻井平台系列轴承等用于能源装备的高端轴承也是国内企业的软肋。

　　作为风机的重要配套设备之一,风电轴承必须承受巨大的冲击负荷,并且偏航、变桨轴承安装成本较大,同时还需达到与主机一样至少20年的寿命。由于风电设备的恶劣工况和长寿命、高可靠性的使用要求,风电轴承具有较高的技术复杂度,是公认的国产化难度最大的两大部分之一(另一部分为控制系统)。

　　国内风电轴承在很长的阶段里依靠从国外进口,不仅价格昂贵,加大了每千瓦风电设备造价,制约了风电成本的下降。风电轴承中,偏航轴承和变桨轴承的技术门槛相对较低,而主轴轴承和增速器轴承的技术含量较高,发电机轴承基本上为技术成熟的通用产品。目前,国内风电轴承企业的产能主要集中在偏航轴承和变桨轴承上,且以3兆瓦以下风电设备配套轴承为主。主轴轴承和增速器轴承仍然主要依靠进口,只有个别国内企业初步涉足。

第二部分　知行合一

★★★　通过本部分学习应该掌握以下技能:

(1)能够使用液压力矩扳手校验偏航轴承连接螺栓力矩,要求误差不得超过±5%。

(2)能够检查和更换偏航轴承润滑管路和管接头,要求更换后油脂无泄漏。

◆　1　安全规定

(1)郑重提示:操作人员在作业全过程须遵守国家、行业及公司的相关安全规定。

(2)在各机型要求的安全风速下登机作业。

(3)将作业所需的工器具放置在机舱合适位置。

(4)作业过程中,操作人员应确保周围无潜在影响作业的危险因素,应待在一个安全适当的地方。

(5)废弃物处理遵照当地法律法规,避免造成环境污染。

(6)操作过程中带好劳保手套等防护用品,防止夹伤。

(7)风速超过11m/s时严禁锁定叶轮。

(8)偏航操作前,必须确认偏航机构行程内人员无机械伤害风险后方可操作。

(9)严格按照操作步骤进行操作,严禁私自改变操作顺序。

◆ 2　工具及耗材

偏航轴承定期维护所需工具及耗材见表3.1。

表3.1　偏航轴承定期维护工具及耗材

序号	名称	规格/型号	数量
1	开口扳手	13mm	1把
2	液压力矩扳手		1把
3	套筒	24	2个
4	软管切刀		1把
5	笔记本电脑		1台
6	网线		1条

◆ 3　操作步骤

◆ 3.1　停机维护

(1)按下主控柜上面的停机按钮(图3.3),等待风机切换至停机状态。

(2)旋转主控柜上面的维护钥匙至维护模式,等待并网指示灯熄灭,网侧断路器断开后方可登机操作。

图3.3　主控柜停机按钮及维护钥匙

3.2 对偏航轴承力矩进行校验

液压力矩扳手使用方法：

(1)根据预紧螺母的尺寸选配内六角套筒。

(2)按照螺母需要拧紧或松开的要求,组合棘轮(拧紧螺母时用右向棘轮,松开螺母时用左向棘轮)。

(3)把带快速接头的高压、低压胶管插入扳手和换向阀的连接处(高压为1/4″,低压为3/8″),并要求插入到位后,将快速接头的外套转动一个角度,以锁紧。

(4)反力杆应依靠在相应的内六角支承套或其他能承受反力的地方(图3.4)。

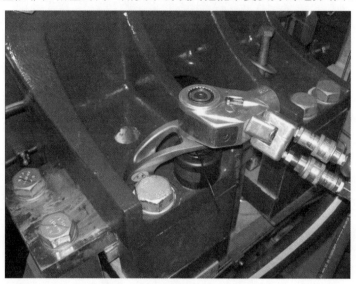

图3.4 液压力矩扳手力矩校验

(5)扳手连杆转角的大小应控制在反力杆标定的角度范围内。

(6)打压时,应将放气阀向左旋转一周,打开放气阀,待空气放尽后将其关闭。

(7)手动泵打压时,按液压缸活塞杆的伸和缩转动换向阀手柄,当手柄在左侧位置时,活塞杆则伸;反之为缩,而在中间位置时压力为零。

(8)打压时,通过观察压力表读数值(单位为MPa),即可得出扭矩值。

(9)预紧结束后,把换向阀手柄放中间位置,使其压力回零。

(10)卸下带快速接头的高、低压胶管时,应首先将快速接头的外套旋转一个角度,使其缺口对准限位销向前推,这样即可拔出接头。

3.3 更换润滑管路

3.3.1 拆除管接头

拆除管接头,将快拆接头拧下来,把单锥卡套、卡套螺母依次拧下。

3.3.2　管线组装

(1)把高压软管用管切刀切出所需的长度。

(2)安装外套:握住高压软管端部,在软管末端涂上润滑脂。先手动将软管插入管套中拧紧,然后用扳手拧紧,注意:螺栓为反扣,按逆时针方向旋转8~11圈,不要超过11圈(图3.5)。

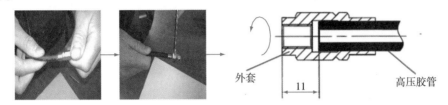

图3.5　安装外套

(3)安装涨芯:涨芯与外套是用螺栓连接的,把涨芯的锥尖涂上润滑脂,然后插入管套中,顺时针旋转,直至拧紧(图3.6、图3.7)。

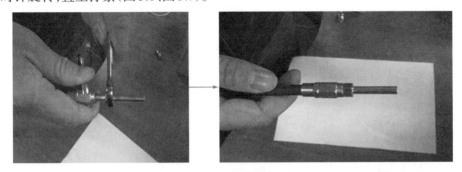

图3.6　安装涨芯

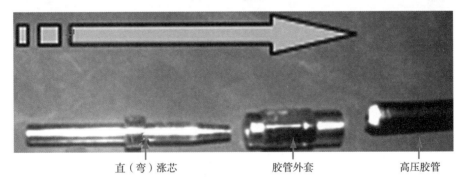

直(弯)涨芯　　　胶管外套　　　高压胶管

图3.7　组装顺序

3.3.3　卡套螺母接头安装

(1)把卡套螺母、单锥卡套依次套在涨芯上(图3.8)。

注意:单锥卡套小头端朝外。

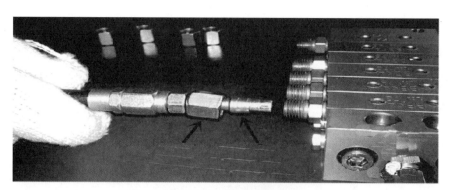

图3.8　卡套顺序示意图

(2)涨芯顶住分配器上的接头,用手把螺母拧紧(图3.9)。

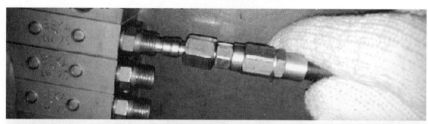

图3.9　拧紧螺母

(3)用扳手把卡套螺母拧紧(一圈半左右),连接完毕(图3.10)。

图3.10　拧紧卡套螺母

(4)接好的接头拧下来,如果单锥卡套已经变形,紧紧地卡在涨芯上,卡套不能前后滑动,但允许轻微转动,卡套距离涨芯顶部为2~3mm,则说明这个卡套式接头拧好了(图3.11)。

图3.11 检查接头

◆ 3.4 整理及恢复现场

◆ 3.4.1 清洁打扫

(1)收拾工具,清点带入现场的工具,确保没有工具落在现场。

(2)打扫卫生,检查工作现场,确保不能有垃圾遗留。

◆ 3.4.2 松叶轮

(1)拨动叶轮锁定旋钮至"释放"状态,通过止退销孔观察锁定销状态。锁定销缓慢向外退出锁定销孔后停止。

(2)进入网页监控面板,打开"主要信息"查看"叶轮锁定状态"。锁定后"叶轮锁定1"及"叶轮锁定2"为"Ture"。操作手柄"叶轮锁定"指示灯熄灭(图3.12)。

安全链	
叶轮锁定	False
叶轮释放	True
扭揽开关	False
振动开关	False
过速1	True
过速2	True
机舱急停	True
塔底急停	True
变流安全链	True
安全门锁	True

图3.12 网页面板显示叶轮锁定状态

（3）松开维护手柄"刹车"按钮。

（4）消除故障启机，通过网页监控面板，检查风机是否有故障，若无故障，恢复机组启机。

第三部分　学以致用

问题1.简述力矩扳手使用方法。

问题2.描述偏航轴承润滑管及管接头安装步骤。

问题3.简述力矩扳手的使用注意事项。

参考文献

[1]GW-14FW.0487金风2.XMW系列风力发电机组全生命周期维护手册·陆上.

[2]金风MW风力发电机组偏航系统及自动润滑系统.

项目五 液压系统定期维护

目　录

任务1 液压站定期维护

第一部分 格物致知

★★★ 通过本部分学习应掌握以下知识：
(1)液压系统的结构。
(2)主要液压元件的作用及实物认知。

◆ 1 液压站的结构

液压站(图1.1)通过接油盘柔性安装在机舱平台支架上,并用螺栓固定,便于工作人员检查与维护。

1.1　液压站本体

液压站一般由能源装置(电动机-泵组),执行元件(制动器、锁定销),控制元件(单向阀、溢流阀等),辅助元件(油箱、蓄能器、过滤器、管件),工作介质(液压油)组成。能源装置的作用是向液压系统提供压力油,将电动机输出的机械能转换为油液的压力能,从而推动整个液压系统工作。执行元件将液体的压力能转换为机械能,以驱动工作部件。控制元件用来控制液压系统的液体压力、流量(流速)和液流的方向,以保证执行元件完成预期的工作运动。辅助元件起着连接、储油、过滤、储存压力能和测量油压等辅助作用,以保证液压系统可靠、稳定、持久地工作。工作介质主要是液压油,它是液压系统中传递能量的工作介质。

◆ 2 主要液压元件

◆ 2.1 液压泵

以GW2S机组为例,其液压站使用的液压泵是柱塞泵,柱塞泵通过液压缸的往复运动实现吸油与压油。液压泵如图1.2所示。

图1.2 液压泵

◆ 2.2 蓄能器

图1.3 液压站蓄能器

液压站设有1个蓄能器,以GW2S机组为例,其液压站的蓄能器是充气式皮囊蓄能器,如图1.3所示。

蓄能器是在液压系统中储存和释放压力能的元件,它还可以用作短时供油及吸收系统的震动和冲击的液压元件。

蓄能器在液压系统中的主要作用如下:

(1)对液压泵间歇工作时产生的压力进行能量存储。

(2)在液压泵损坏时做紧急动力源。

(3)作为泄漏损失的压力补偿。

(4)缓冲周期性的冲击和振荡。

(5)补偿温度和压力变化时所需的容量。

◆ 2.3 高压过滤器

液压站高压过滤器上带有压差式堵塞指示器,如图1.4所示。

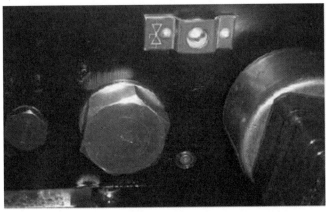

图1.4 液压站使用的高压过滤器

◆ 2.4 溢流阀

溢流阀在液压系统中用来维持定压,起到安全保护作用。其工作原理示意如图1.5所示,P(A)扣接入正常液压油路,当压力达到溢流阀预设值时,液压油从P(A)口进入,从T(B)口溢流。

◆ 2.5 电磁换向阀

电磁换向阀是利用电磁铁的通、断电直接推动阀芯开关至油口的联通状态。液压站中常见的电磁换向阀包括叶轮锁定阀三位四通截止式换向阀(锥形座阀)、解缆阀两位两通电磁球阀、偏航阀两位三通电磁球阀,如图1.6所示。

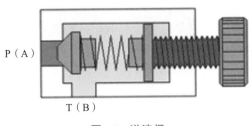
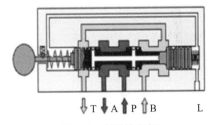

图1.5 溢流阀　　　　　　　图1.6 电磁换向阀

◆ 2.6 减压阀

减压阀用于降低液压系统中某一回路的油液压力,实现一个油泵能同时提供两个或以上数值压力,如图1.7所示。减压阀是常开的,其出口压力由调压弹簧设定。减压阀可将进口压力降至出口压力。在液压系统中,不同设备需要不同压力时,可以使用减压阀。

◆ 2.7 单向阀

单向阀使油只能向一个方向流动,反方向则堵塞。液压系统单向阀在普通单向阀的基础上多了一个控制口,当控制口空接时,该阀相当于一个普通单向阀;若控制口接压力油,则油液可双向流动,液控单向阀如图1.8所示。

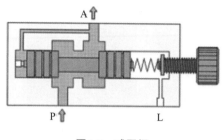

图1.7　减压阀

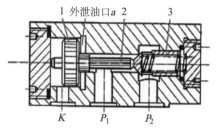

图1.8　液控单向阀

1.控制活塞;2.顶杆;3.单向阀芯

◆　2.8　压力继电器

压力继电器是利用液体的压力来启闭电气触点的液压电气转换元件。当系统压力达到压力继电器的调定值时,压力继电器发出电信号,使电气元件(如电磁铁、电机、时间继电器、电磁离合器等)动作,使油路泄压、换向,执行元件实现顺序动作,或关闭电动机使系统停止工作,起到安全保护作用等,如图1.9所示。

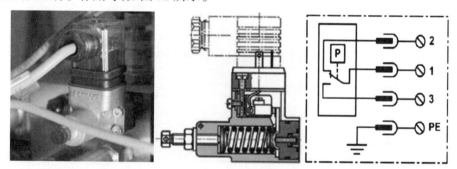

图1.9　压力继电器

【小贴士】

　　液压系统具有单位体积小、质量轻、动态响应好等优点,所以在兆瓦级风力发电机组中被普遍采用。目前,随着中国企业研发和加工水平的提高,制动系统、齿轮箱等很多部件都较好地实现了国产化,但液压系统在国产化过程中面临了一些困难。中国风电企业从我国大部分风场特有的气候条件和使用特点出发,逐步优化了液压系统国产化的技术参数、元件材料选型要求和设计计算方法,研制出了一套具有自主知识产权的风力发电机组变桨液压系统,并通过了风场的实际使用检验。

第二部分 知行合一

★★★ 通过本部分学习应该掌握以下技能：

(1)能够选用合适的工具，释放液压系统的压力，泄放后系统压力应小于2bar。

(2)能够按照机组运行参数测量与调整减压阀、溢流阀等压力控制阀体，要求误差≤2bar。

(3)能够加注液压油，在液压系统没有压力的情况下，油位应位于中间油窗的1/2~2/3之间。

(4)能够使用气压测量工具测量蓄能器压力值，要求误差在±10bar以内（环境温度25℃，标准压力）。

(5)能够更换液压站滤芯，要求更换后密封完好。

◆ 1 安全注意事项

(1)操作维护前必须关闭液压站泵站并切断电源，对液压系统和蓄能器进行泄压。

(2)液压油在注油前必须先过滤，加油时使用的工具必须保证清洁度。

(3)检修时注意保持环境和工具的清洁度，避免不必要的人为污染。

(4)注油过程中，应避免将油溅入口鼻、眼睛中。

(5)操作过程中应带好劳保手套等防护用品，防止夹伤。

◆ 2 工具及耗材

液压站定期维护所需工具及耗材见表1.1。

表1.1 液压站定期维护所需工具及耗材

序号	工具/耗材	型号/规格	数量
1	活动扳手	24mm	1把
2	活动扳手	46mm	1把
3	开口扳手		2把
4	内六角扳手	4#~12#	1套
5	接油管	2m	1个
6	油桶	15L	2个
7	滤油机	OF7S10P1M1B05E	1台
8	压力表	0~50bar带油管	1个
9	气压计		1个
10	大布		若干

◆ 3 维护操作

◆ 3.1 液压站泄压

液压站泄压流程如下：

(1)将主控柜上的"stop"按钮按下,使机组进入停机状态。

(2)将主控柜上的维护钥匙旋向右方"repair",使机组进入维护状态,待蓝灯亮后,控制面板显示"维护",如图1.10所示。

(3)关闭液压站泵站并切断电源,悬挂警示牌防止他人启动机组,检查所需工具。在对液压系统进行维护、维修之前,必须对液压系统进行泄压。使用内六角扳手逆时针方向拧松系统压力截止阀(图1.11),直至感觉到轻微的阻力,确保液压泵站系统泄压,泄放后系统压力应小于2bar。

图1.10 主控柜体按钮

截止阀
图1.11 系统压力截止阀

截止阀的操作方法如下。

(1)松开截止阀:逆时针方向拧松截止阀,直至感觉到轻微的阻力。

(2)关闭截止阀:顺时针方向拧紧截止阀,拧紧力矩为8.5N·m。

◆ 3.2 液压油的更换

更换液压油时需关闭液压站泵并切断电源,按照以下步骤进行。

◆ 3.2.1 对液压系统和蓄能器进行泄压

使用内六角扳手逆时针方向拧松截止阀直至感觉到轻微的阻力,确保液压站泵系统泄压。

◆ 3.2.2 更换液压站油箱中的液压油

更换液压站油箱中的液压油更换过程如下。

(1)将油箱出油管与空油桶对接,打开排油阀使油箱中的旧油流入旧油收集油桶;

(2)打开液压站油箱注油孔,使用滤油机(滤油精度5μm)为液压站油箱加油;

(3)观察油位表,当加油量大约为10L时停止加注并盖好油箱盖。

注意:在使用旧油收集油桶接油时尽量使出油管低于油箱的出油口,如果油桶较高,可先使用其他较低的容器收集旧油再倒入油桶中,可以用大布对漏在地面的油进行清洁。

◆ 3.2.3　排出液压系统中的气体和残余旧油

（1）使用活动扳手调节其开口宽度，将偏航系统的排油管与阀体B2接口的连接螺母拧松，并将管子引入旧油收集油桶，如图1.12所示。

（2）在泵站上使用内六角扳手顺时针方向以8.5N·m的力矩拧紧系统压力截止阀和偏航截止阀。

（3）打开机舱柜中电源开关，使液压站恢复400V供电，接通108F5开关，恢复24V电压，使液压站工作。由于偏航系统出油管接在旧油收集油桶内，当电机工作时，偏航系统内的旧油将被排到旧油收集油桶内。

（4）在整个偏航系统液压油流动100s后关闭电机，并将排油管与液压站阀体B2口连接并拧紧螺母。

此过程中应注意：

（1）如何判别制动器进油管和排油管：与阀体A3口相连的为制动器进油管，与B2口连接的为排油管。

（2）液压站供电恢复后，如果报故障，可以进行复位。

（3）当电机连续工作60s报故障而停止工作时，手动复位使液压站电机继续工作。当电机连续工作时报液压油位低时，则向油箱中添加液压油，然后手动复位，使电机继续工作达到100s。

（4）可以用大布对漏在地面的油进行清洁。

◆ 3.2.4　再次向油箱中补充液压油

再次打开油箱注油口（图1.13），使用过滤精度为10~20μm的加油装置补充液压油至油位计的规定位置。

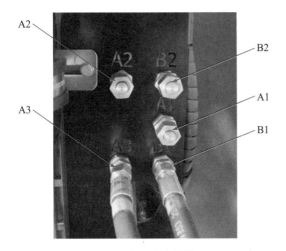

图1.12　液压站油管接口

图1.13　油箱注油口

◆ **3.2.5 油位检查**

油位应位于中间油窗的1/2~2/3之间(图1.14)。

◆ **3.2.6 恢复系统压力**

给电机恢复供电,系统开始建压直至恢复正常工作压力(图1.15)。

图1.14 油位观察孔

图1.15 压力表

◆ **3.3 液压站的调试**

◆ **3.3.1 测试液压系统压力**

系统压力测试按以下步骤进行:

(1)余压表安装到压力表接口上,液压站通电后,观察液压站系统压力指示表显示压力是否在(200±5)bar。位置如图1.16所示。

(2)系统压力如果未达到要求,需要调节液压站节流阀,如图1.17所示,低于要求压力时旋进,高于要求压力时旋出,直到系统压力达到(200±5)bar范围内。

图1.16 系统压力测试余压表安装位置

图1.17 液压站节流阀

3.3.2　检测偏航余压

检测偏航余压须在凸轮调试完成后进行。操作步骤如下：

（1）切断机舱控制柜内105Q7，如图1.18所示。

（2）旋松液压站截止阀，把余压表安装在偏航阀块油路接口上，如图1.19所示，将液压站截止阀旋紧。

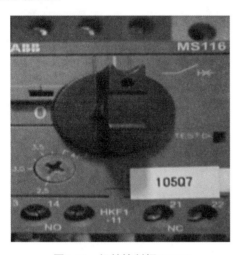

图1.18　机舱控制柜105Q7

图1.19　偏航余压检测余压表安装位置

（3）闭合机舱控制柜内105Q7。

（4）利用手柄分别执行左、右偏航(待偏航0°位置确定后执行偏航操作)，观察偏航余压表的压力值，并调节溢流阀，如图1.20所示，使余压表的压力值范围为21~24bar，误差≤2bar。

3.4　蓄能器的压力检查

蓄能器的压力检查按以下步骤进行。

（1）松开系统截流手阀，缓慢泄放系统压力，过程中需要记录系统压力瞬间跌落前的压力值a。

（2）系统压力泄为0后，拧紧系统截流手阀8，采用手动建压，记录系统压力瞬间提升后的压力值b。

（3）蓄能器压力$P=(a+b)×1.1/2$，蓄能器压力范围为100~130bar，误差允许在±10bar范围以内。如果气体压力值达不到要求，则必须对蓄能器重新充气，蓄能器充氮气的标准如下：环境温度25℃时，充氮气压力为125bar。

3.5　液压站滤芯更换

运行液压泵，建压过程中目测滤芯堵塞指示器颜色，如图1.21所示。当过滤器被堵塞到一定程度后，指示器会由绿色变红色。此时，应立即更换过滤器。

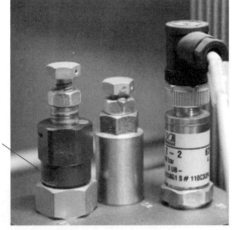

溢流阀

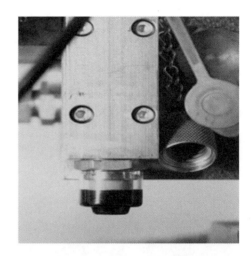

图1.20 溢流阀   图1.21 滤芯堵塞指示器

更换液压站滤芯按以下步骤进行:

(1)切断液压站的所有电源,并释放系统内的所有内部油压。

(2)使用开口扳手逆时针转动滤油器壳体,直至将其从滤油器阀上拆下。

(3)拆下滤油器并清洁滤油器壳体内侧和腔体。插入新的滤油器,并注意方向要正确。

(4)清洁O形环,必要时更换O形环。

(5)重新装上滤油器壳体。

开口扳手使用操作:

(1)用19mm开口扳手固定端直通管接头,防止其随动旋转;再用22mm开口扳手顺时针拧紧螺母(图1.22)。

图1.22 开口扳手

(2)拧紧螺母,当感到拧紧力矩明显增大时达到阻力点。

(3)达到阻力点后将螺母再拧紧1/4~1/2圈。首次装配的卡套螺母钢管部件达阻力点后再拧紧1/4圈;再次使用装配的卡套螺母钢管部件达到阻力点后再拧紧1/4~1/2圈,使紧固力矩达到45~50N·m。

注意:预装在钢管上的卡套可以稍微旋转,但不可以轴向滑动,否则视为无效预装;预装的卡套、螺母应为同厂家同批次产品;卡套螺母钢管部件重复装配使用次数不得超过4次。

第三部分　学以致用

问题1. 如何检查液压站蓄能器的压力？

问题2. 简述判断液压站需要更换滤芯的标准。

问题3. 简述偏航预压检查的步骤。

任务2　液压管路定期维护

第一部分　格物致知

★★★　通过本部分学习应该掌握以下知识：

(1)液压管路的作用。

(2)液压管路的组成。

◆　1　液压管路的作用

如果把液压系统比作人体的话,液压管路就是液压系统里的"血管"。液压管路是指液压系统中传输工作流体的管道,用于连接各液压元件并承受系统压力。液压油是液压系统中传递能量的工作介质,主要分为矿物油、乳化液和合成型液压油三大类。

◆　2　液压管路的组成

液压管路总体由两部分组成:液压油管和液压管接头;从管路功能上分为吸油管路、回油管路和压力油管路。

◆　2.1　液压油管

风力发电机组中使用的液压油管的材质以钢丝编织管为主。钢丝编织液压油管由耐液体的合成橡胶内胶层、中胶层、Ⅰ层或Ⅱ层或Ⅲ层钢丝编织增强层、耐天候性能优良的合成橡胶组成,如图2.1所示。

◆　2.2　液压管接头

液压管接头的主要作用是连接液压系统中的液压管路、制动器、阀体等(图2.2)。液压系统中常用的管接头种类主要有焊接式接头、卡套式接头、扩口式接头和软管接头等。接头的连接螺纹为细牙螺纹,具有自锁功能,在频繁的压力冲击导致振动时能有效地防止接头松脱。接头螺纹的种类有公制螺纹、美制螺纹、英制螺纹等,一般来说,碳钢、不锈钢、黄铜、青铜及铝合金都可用作接头的材料。通常使用的接头材料是中低碳易切削钢。

图2.1　液压油管　　　　　　　　　　　　　图2.2　接头

【小贴士】

　　2021年10月18日,享有行业"晴雨表"和趋势"风向标"美誉的全球顶级风电行业盛会——北京国际风能大会暨展览会(CWP),在北京中国国际展览中心新馆盛大开幕,此次大会以"碳中和——风电发展的新机遇"为主题。在"碳达峰、碳中和"的大背景下,中国风电行业迎来了快速发展的重大机遇期。此次大会,哈威液压公司带来了为风力发电设计的结构紧凑、可靠性高的液压解决方案。风机制动、控制液压泵站和直驱风机制动控制液压泵站具有风机主轴制动、偏航制动与余压及锁销等控制功能,采用径向柱塞泵,任意转向皆可,无须担忧相序问题。采用油浸式电机,结构紧凑、体积小、可靠性高、质量稳定,解决了风电机组工作环境特殊、泵站安装空间狭小等诸多行业难题。

第二部分　知行合一

★★★　通过本部分学习应该掌握以下技能:

(1)能够通过目测检查出液压管路漏油、渗油等缺陷。

(2)能够更换液压管路,要求更换后各油路、管接头不漏油。

(3)能够排除液压管路中的气体,要求排气后液压站压力满足运行要求。

◆　1　安全注意事项

(1)操作维护前必须关闭液压站泵站并切断电源,对液压系统和蓄能器进行泄压。

(2)注意泄漏的液压油可能导致受伤和火灾。

(3)检修时候注意保持环境和工具的清洁度,避免不必要的人为污染。

(4)在维修液压系统(拆卸阀或断开连接处)之前须对整个液压系统进行泄压。

(5)液压泵站有关的电器安装、电器调试以及电器拆除应该由专业电工操作。

(6)操作过程中须戴好劳保手套等防护用品,防止夹伤。

◆ 2 工具及耗材

液压站定期维护所需工具及耗材见表2.1。

表2.1 液压站定期维护所需工具及耗材

序号	工具/耗材	型号/规格	数量
1	活动扳手	24mm	1把
2	活动扳手	46mm	1把
3	开口扳手		1套
4	内六角扳手		1套
5	接油管	2m	1个
6	空瓶	>1.5L	1个
7	堵头	S4C-18	1个
8	大布		若干

◆ 3 维护操作

◆ 3.1 液压管路的检查

(1)检查液压油管是否有脆化和破损情况,如有,则必须更换油管。

(2)检查液压站和油管衔接处、偏航刹车闸块和油管衔接处、叶轮刹车闸块和叶轮锁定销与油管衔接处有无渗油和漏油现象(图2.3~图2.5)。当液压系统压力为0时,油位应位于观察窗1/2~2/3位置。若存在液压油泄漏,应立即关闭液压站电源开关,并对液压系统进行泄压。

图2.3 液压站和油管衔接处

图2.4 偏航刹车闸块和油管衔接处

图2.5 叶轮刹车闸块和油管衔接处

◆ 　3.2　液压管路更换

◆ 　3.2.1　液压管路更换前的准备工作

更换液压管路前,应确保机组进入维护状态。应关闭液压站泵站电源开关,并对液压系统泄压。具体操作步骤如下:

(1)按下主控柜上的"stop"按钮,使机组进入停机状态。

(2)将主控柜上的维护钥匙旋向右方"repair",使机组进入维护状态,待蓝灯亮后,控制面板显示"维护",如图2.6所示。

图2.6　主控柜体按钮

(3)关闭液压站泵站并切断电源,悬挂警示牌防止他人启动机组,检查所需工具。在对液压系统进行维护、维修之前,必须对液压系统进行泄压。手动操作截止阀,使用内六角扳手逆时针方向拧松液压系统截止阀,直至感觉到轻微的阻力,确保液压泵站系统泄压,泄放后系统压力应小于2bar。

截止阀的操作方法如下。

(1)松开截止阀:逆时针方向拧松截止阀,直至感觉到轻微的阻力。

(2)关闭截止阀:顺时针方向拧紧截止阀,拧紧力矩为8.5N·m。

◆ 　3.2.2　更换液压钢管的操作步骤

(1)使用开口扳手将需要更换的钢管两端接头拧松,并取下需要替换的钢管。

(2)安装新钢管时,应按照规定力矩值拧紧两端接头。如无力矩要求,则须保证足够的拧紧力,使结合面紧密结合。

(3)安装注意事项:

①钢管两固定点之间的连接应避免紧拉,须有一个松弯部分,便于安装和拆卸。这样也可以避免因热胀冷缩而造成严重的拉应力,如图2.7所示。

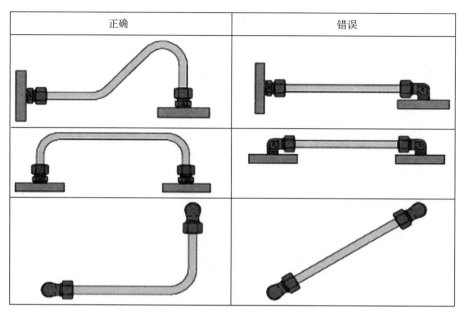

图2.7　更换液压钢管

②钢管最小的弯曲半径至少应为直径的2.5倍,管端应留出直线部分,其距离为管接头螺母高度的两倍以上,同时应确保钢管在弯曲时有足够的直线段进行装夹。

③布置管路时,尽量使管路远离须经常维修的部位。

④避开障碍物时不要使用太多的90°弯曲钢管,因为流体经过一个90°弯曲管的压降比经过两个45°弯曲管的还大。

⑤布置管路时,要求钢管排列有序、整齐,便于查找故障、保养和维修。

◆　3.2.3　液压软管的更换安装

(1)使用开口扳手将需要更换的液压软管两端接头拧松,并取下需要替换的软管。

(2)安装新软管时,应按照规定力矩值拧紧两端接头。如无力矩要求,须保证足够的拧紧力,使结合面紧密结合。

(3)安装注意事项:

①软管要有一定的松弛度,来补偿受压时发生的软管缩短现象,受压时软管通常会有-4%~2%的长度变化率,如图2.8所示。

②安装软管时,切勿让其扭歪,否则当受压力时,软管会被破坏或令连接处松脱。

③当软管受压时,其长度会改变,因此切勿在弯曲位置加任何夹子,使其能自由移动。

④为避免软管被破坏及流量限制,软管弯曲半径应尽可能大,可确保流体流动畅通,实际软管弯曲半径应大于或等于标准软管的最小弯曲半径。

⑤当软管弯曲半径太小时,应采用直角接头,以免软管出现急弯。

⑥使用管夹确保软管的定位,可有效减少软管与相关部件的摩擦或摆动。

⑦软管应避开过热的表面和尖锐的边缘,避免与部件的摩擦或摆动,并有足够的自由长度来做弯曲活动。

⑧为避免软管与周围硬物接触产生摩擦,应在胶管外部加钢丝或尼龙保护套。

⑨当软管数量较多,布局路径相似时,应采取适当的捆绑措施,避免管路散乱。

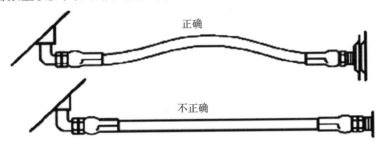

正确

不正确

图2.8　更换液压软管

3.2.4　完成工作

管路更换完成后,要及时清理渗漏的油脂。恢复液压系统供电并建立压力,再次检查各油路及接头,确保无油脂泄漏。

3.3　液压锁定销的排气

液压锁定销(图2.9)排气操作包括已上电机组液压锁定销的排气操作和未上电机组(吊装阶段)液压锁定销的排气操作。

3.3.1　已上电机组液压锁定销排气的操作步骤

(1)按下主控柜上的"stop"按钮,使机组进入停机状态。将主控柜上的维护钥匙旋向右方"repair",使机组进入维护状态。

(2)检查油箱油位:至少两节油箱应充满油,最高油位不得高于最上一节油箱的1/2。

(3)检查锁定销位置:确认锁定销处于完全退回状态(此时无杆腔容积最小,有杆腔容积最大)。

(4)对锁定销"O"口连接油管进行排气。

①将锁定销油口处接头擦拭干净,防止在之后的操作过程中杂物进入液压油。

②用开口扳手将连接"O"口的软管拧开,并将油管口放入空瓶中,确保油管口干净,防止污物进入瓶中。

③使用手柄,按下"刹车"和"锁定"开关,使液压油进入连接"O"口的软管,给油管充油排气,直至放出1.5L以上的液压油。松开"刹车"和"锁定"开关。此过程必须连续,中间不能停顿,以防止管中液体倒流,如图2.10所示。

17

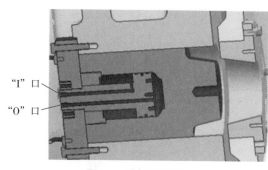

图2.9 液压锁定销

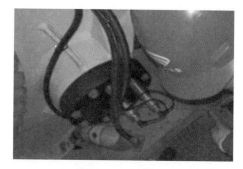

图2.10 油管排气

④完成此油管的充油排气后,迅速将其与"O"口的接头拧好,防止空气及污染物进入管路。

⑤将排出的液压油倒入液压站油箱中。

(5)对锁定销I口连接油管进行排气:

①使用手柄,将锁定销与锁定套孔对正。按下"刹车"和"锁定"开关,使锁定销伸出,直到完全锁定状态。松开"刹车"和"锁定"开关,如图2.11所示。此时有杆腔容积最小,锁定销中残留的空气最少。

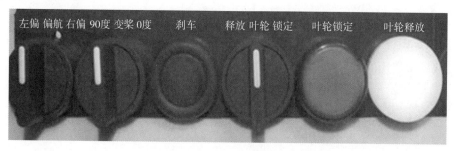

图2.11 维护手柄操作

②从锁定销油口I处,将连接"I"口的油管拧开。并将油管口放入空瓶中,确保油管口干净,防止污物进入瓶中。

③操作手柄,按下"刹车"和"释放"开关,使液压油进入连接"I"口的软管,给油管充油排气,直至放出1.5L以上的液压油。松开"刹车"和"锁定"开关。此过程必须连续,中间不能停顿,防止管中液体倒流。

④完成此油管充油排气后,迅速将其与"I"口的接头拧好,防止空气及污染物进入管路。

⑤将排出的液压油倒入液压站油箱中。

⑥使用手柄,按下"刹车"和"释放"开关,使锁定销回到完全退出状态。松开"刹车"和"释放"开关。

(6)锁定销有杆腔泄压:

①使用手柄,按下"释放"开关,点按刹车开关约1s,泄去有杆腔残压,防止锁定销中残留

空气造成锁定销伸出。

②从锁定销止退螺栓孔处检查确认锁定销处于完全退回状态。如果发现锁定销伸出，重复上述两个步骤。直到锁定销处于完全退回状态。

◆ 3.3.2 未上电机组(吊装阶段)液压锁定销排气的操作步骤

(1)油位检查：

①吊装时，确保锁定销处于锁定状态。此时无杆腔容积最大，有杆腔容积最小。

②至少两节油箱应充满油，最高油位不得高于最上一节油箱的1/2。

(2)将锁定销"I"口连接油管进行排气：

①将连接锁定销"I"口的油管一端与液压站A1连接，另一端油放入空瓶中，确保油管口干净，防止污物进入瓶中(借用A1口给油管充油排气，油路不经过顺序阀，操作力很小)。

②手动开启叶轮刹车阀，使液压站A1口与手泵连通。

③摇动手泵，直至液压油从油管另一端流出约500mL。迅速将此油管与锁定销"I"口连接，防止空气及污染物进入管路。

④将排出的液压油倒入液压站油箱中。

⑤将此油管从液压站A1口拧开，迅速与液压站B2口连接。

(3)将锁定销"O"口连接油管进行排气：

①将连接锁定销"O"口的油管一端与液压站A1连接，另一端放入空瓶中，确保油管口干净，防止污物进入瓶中。

②摇动手泵，直至液压油从油管另一端流出约500mL。迅速将此油管口用堵头S4C-18封堵，防止空气及污染物进入管路。

③将排出的液压油倒入液压站油箱中。

④将此油管从液压站A1口拧开，迅速与液压站A2口连接。

⑤将连接转子制动器的油管一端与A1口连接，另一端放入空瓶中，确保油管口干净，防止污物进入瓶中。

⑥摇动手泵，直至液压油从油管另一端流出500mL。迅速将此油管与转子制动器油口相连。

⑦继续摇动手泵，直至压力表显示150bar，顺序阀打开并保持(此时摇动手泵，需要很大的力，因为液压油要保持150bar的压力通过顺序阀)。

⑧在锁定销"O"口接一个容量大于1L的容器，承接以下操作排出的油液。

⑨手动开启退销控制换向线圈。继续摇动手泵，直到锁定销完全退回。将连接"O"口油管的堵头拧下，将油管连接到"O"口，如图2.12所示。

⑩将退销控制换向线圈、叶轮刹车电磁换向阀复位,如图2.12所示。完成手动排气操作。

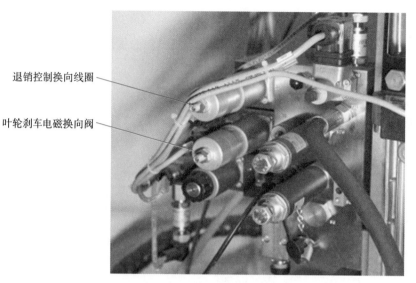

退销控制换向线圈

叶轮刹车电磁换向阀

图2.12　液压站退销控制换向线圈

◆ 3.2.3　完成工作

(1)清理:用大布将液压锁定销、油管、液压站流出的油擦干净。

(2)旋转主控柜上的维护钥匙至"operation"位置,"ready"指示灯点亮。

(3)按下主控柜上的"start"按钮,"operation"指示灯和"grid connection"指示灯点亮,机组并网。

第三部分　学以致用

问题1.更换液压软管时有哪些注意事项?

问题2.简述已上电机组液压锁定销排气前应做哪些工作。

问题3.直驱型风电机组的液压管路检查主要检查哪些部分?

任务3 制动器定期维护

第一部分 格物致知

★★★ 通过本部分学习应该掌握以下知识：

(1)偏航制动器的作用及工作情况。

(2)偏航制动器的结构。

S机组的液压系统的工作原理为风力发电机组偏航制动器、发电机转子制动器、叶轮锁定系统提供液压动力，偏航系统工作时释放偏航制动器并保持一定的阻尼，偏航结束时实现偏航制动器制动，控制发电机转子制动器的制动与释放，以及叶轮锁定销的进销、退销。

本部分以偏航制动器为例。

◆ 1 偏航制动器的作用

S机组偏航制动器采用液压钳盘式制动器，液压油经液压站加压后经进油孔进入活塞上部油腔，推动活塞沿缸壁运动，活塞将175~180bar(偏航制动压力)和15~20bar(偏航时为机组提供阻尼的压力，通常简称偏航余压)压力作用在刹车片上，使刹车片与刹车盘间产生摩擦力，以提供制动力矩和阻尼力矩。

◆ 2 偏航制动器的工作情况

偏航制动器工作分为三部分：

(1)机组处于对风或维护状态时，偏航制动器保持175~180bar的压力，防止机舱旋转。

(2)机组对风偏航时，偏航制动器保持15~20bar的压力，提供一定的阻尼力矩。

(3)解缆时，偏航制动器在0bar压力下偏航，减少摩擦片的磨损量。

◆ 3 偏航制动器的结构

以GW2S机组为例，偏航制动器采用液压盘式制动器，一套制动器包括上、下闸体作为一个工作部件，偏航制动器结构如图3.1所示。

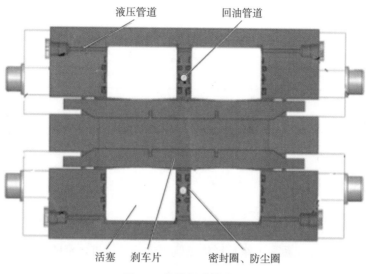

图3.1　偏航制动器结构

◆ 4　安装位置

偏航制动器安装在风机底座上,如图3.2所示。

图3.2　偏航制动器位置

【小贴士】

　　尽管制动系统在风电整机造价中占比不足2%,但与电机及齿轮箱等一样,制动系统是风电机组不可或缺的关键零部件之一。在我国风电行业的产业政策驱动的大环境下,制动系统的市场需求持续旺盛,工业制动器国产化是最确定的受益方向。

　　享有"国内工业制动器行业第一股"美誉的华伍股份,2010年上市后快速进入风电市场,布局风电制动市场。发展到目前,在风电制动器领域,江西华伍制动器股份有限公司生产水平已经达到国际了先进水平,产品占据了国内市场40%以上的份额,稳居前列,其主要客户基本覆盖了国内风电设备主机厂商。其风电偏航制动产品在国内继续保持市场领先地位。

该公司目前正紧跟风电行业发展趋势,研制大兆瓦机制动产品,为客户新机型的推出提供制动系统方面的技术支持。

第二部分　知行合一

★★★　通过本部分学习应该掌握以下技能:

(1)能够选用合适型号的液压力矩扳手或力矩扳手,对制动器连接螺栓力矩进行校验,力矩误差不得超过±5%(不考虑工具本身误差)。

(2)能够测量和调整制动盘和闸片之间的间隙值,保证间隙值在额定值范围内;间隙误差≤0.1mm之内。

(3)能够对检查合格的螺栓进行防松标记刻画,要求防松标记颜色一致、标记宽3~4mm,长15~20mm,在长度方向无间断。

(4)能够检查和调整挡块与刹车盘距离,要求调整后挡块与刹车盘距离满足运行要求。

(5)能够使用游标卡尺检查和更换制动器刹车片,要求更换后刹车片厚度>2mm。

◆　1　安全注意事项

(1)注意泄漏的液压油可能导致受伤和火灾。

(2)检修时注意保持环境和工具的清洁度,避免不必要的人为污染。

(3)更换制动器前,必须锁叶轮。

(4)任何情况下,当系统加压时,都不允许将手指放于制动盘与刹车摩擦片之间。

(5)操作过程中需带好劳保手套等防护用品,防止夹伤。

◆　2　工具及耗材

制动器定期维护所需工具及耗材见表3.1。

表3.1　制动器定期维护所需工具及耗材

序号	工具/耗材	型号/规格	数量
1	液压扳手		1套
2	电动扳手		1把
3	套筒		2个

续表

序号	工具/耗材	型号/规格	数量
4	力矩扳手		1把
5	开口扳手	19mm	1把
6	开口扳手	22mm	1把
7	内六角扳手	5mm	1把
8	活动扳手	13mm/17mm/19mm/22mm	各1把
9	一字型螺丝刀		2把
10	角磨机		1把
11	皮榔头		1把
12	塞尺		1把
13	游标卡尺		1把
14	电源插座		1个
15	工作灯		1个
16	记号笔		1支
17	毛刷		1把
18	清洗剂		适量
19	MD-硬膜防锈油		适量
20	螺纹锁固胶		50g
21	固体润滑膏		50g
22	大布		若干

◆ 3 维护操作

◆ 3.1 高速轴制动器摩擦片的检查及更换

◆ 3.1.1 高速轴制动器摩擦片间隙调整

检查制动盘两侧间隙是否相等,用塞尺检测制动盘和摩擦片之间的间隙,如图3.3所示。制动盘与摩擦片之间的间隙标准值应为1~1.5mm,如果间隙大小不在这个范围,则应重新调整制动器间隙。开合制动器3次以上,并观察两侧间隙是否有变化。

◆ 3.1.2 高速轴制动器摩擦片的更换

用游标卡尺检测刹车摩擦片的厚度,如果其磨损量达到5mm(剩余钢板层厚度+摩擦材料层厚度=27mm),必须对其进行更换,要求更换后刹车片厚度 > 2mm。更换步骤如下:

(1)拆卸联轴器罩体及制动器尾帽上的传感器。

（2）利用主机架侧面的制动器操作按钮将制动器打开,将气隙螺栓和垫圈旋入制动器尾帽中心孔,释放系统压力。

（3）使用内六角扳手将摩擦片保持架拆卸后,拆卸摩擦片返回弹簧和螺栓,滑出摩擦片,如图3.4所示。

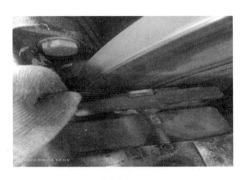 

图3.3　制动器间隙测量　　　　　图3.4　摩擦片返回弹簧和螺栓

（4）安装新摩擦片和摩擦片保持架,按规定力矩值拧紧螺栓。

（5）安装返回弹簧和螺栓。

（6）用制动器操作按钮给制动器加压,将尾帽后部的螺栓卸掉,重新安装传感器。

（7）重新调整制动器间隙至要求值。

3.2　转子制动器的更换

3.2.1　更换前的准备工作

（1）按下主控柜上的"stop"按钮,使机组进入停机状态。

（2）将主控柜上的维护钥匙旋向右方"repair",使机组进入维护状态。

（3）将叶轮锁锁定。

3.2.2　转子制动器的拆卸

转子制动器的拆卸步骤如下。

（1）管路拆卸:将转子闸长钢管、短钢管、管夹及渗漏管拆卸后,集中放置到机舱处。

（2）用力矩扳手对称拆卸各个制动器的固定螺栓,将拆卸下的闸体集中放置,保存好"O"形密封圈。

3.2.3　转子制动器的安装

转子制动器的安装步骤如下:

（1）清理刹车底座,制动器安装面不得有油污。清理转子刹车底座上的M27螺纹孔。

（2）安装制动器片。用"一"字螺丝刀将闸片压块翘起,如图3.5所示。将闸片推放到位,如图3.6所示。将其他三块闸体按此法安装好。须确保制动器的安装面与较近的刹车环面之间距离满足(88±1)mm,如图3.7所示。如有误差,使用调整垫调整。

图3.5 翘起闸片压块

图3.6 闸片安装

图3.7 制动器安装间隙

(3)制动器及调整垫接触面不得有油污。在制动器、调整垫和刹车底座安装三部件的接触面均须涂一层LOCTITE243,以增大摩擦力。之后分别使用相应规格的螺栓和垫圈将两个制动器的两片闸体连接在一起,连接时螺栓的螺纹部分及螺头与平垫圈接触面涂抹固体润滑膏,螺栓的紧固力矩值应满足要求,分三次、由内及外对称紧固,紧固后对螺栓、垫圈做防腐处理。

(4)调整液压力矩扳手力矩值至紧固螺栓的规定值,依次对转子制动器上的紧固螺栓的力矩值进行检测,力矩误差不得超过±5%,若有螺栓的力矩值不合格,必须重新调整此螺栓的力矩,然后再检测,直至力矩值合格为止。螺栓力矩值检测合格后,要在螺栓六角头侧面与转子制动器面做防松标记,要求防松标记颜色一致、标记宽3~4mm、长15~20mm,在长度方向无间断,如图3.8所示。待防松标记完全干涸后,用毛刷在每个螺栓和垫圈的裸漏表面均匀地涂抹一层MD-硬膜防锈油,要求清洁、均匀无气泡。

(5)制动器安装就位后,在加压试漏前,须测量刹车片与刹车环之间的间隙,间隙差值≤2mm即满足要求。

(6)连接管路。管路的连接如图3.9和图3.10所示。

图3.8 转子制动器螺栓防松标记

图3.9 液压管路的连接1

图3.10 液压管路的连接2

(需现场清晰)

(7)打压试漏。完成闸体连接后使用手动液压泵对闸体打压试漏。

(8)检测压力为160bar,保压30min。

（9）刹车片磨损传感器连接线捆扎或粘贴须牢固，不得与刹车环产生接触。

（10）用相应规格及数量的螺栓和垫圈在刹车底座上安装2个耳板，螺栓螺纹部分涂抹螺纹锁固胶。

◆ 3.3 偏航制动器摩擦片的更换

本部分以斯温伯格偏航制动器为例。

◆ 3.3.1 更换前准备工作

（1）按下主控柜上的"stop"按钮，使机组进入停机状态。

（2）将主控柜上的维护钥匙旋向右方"repair"，使机组进入维护状态。

（3）偏航泄压：断开机舱柜内液压泵电源开关，并用5mm内六角扳手旋松液压站上截止阀，偏航系统压力泄为0Bar。

（4）将塑料编织袋或纸壳均匀铺在塔筒平台上，防止灰尘及液压油污染。安装电源插座和工作灯。接通电源，观察液压扳手和电动扳手是否可以正常工作。

◆ 3.3.2 偏航制动器的拆卸

偏航制动器的拆卸按以下步骤进行。

（1）拆卸油管：

①用开口扳手拆掉偏航制动器上的连接油管，按照顺序将油管放置在干净位置，并将接油桶放置在制动器油口。

②拆卸偏航制动器连接上下部分的塑料软管，如图3.11所示。

（2）拆卸偏航制动器：用"一"字形螺丝刀依次将上、下闸体的摩擦片撬出，如图3.12所示。用毛刷及大布清理刹车盘及闸体内的磨屑。

注意：闸体顺时针旋出时，要预留左外侧的1个螺栓；闸体逆时针方向旋出时，要预留右外侧的1个螺栓。上、下闸体之间有一个"O"形圈，安装偏航制动器时不要漏装。

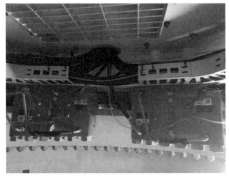

图3.11 偏航制动器连接油管

图3.12 拆摩擦片

(3)清理或更换摩擦片:

①若摩擦片表面没有明显破损,只有一层光亮釉层,则用角磨机打磨摩擦片,使摩擦片表面的釉层打磨干净即可,如图3.13所示。

②若摩擦片表面有破损、压溃、油污污染的情况,则需更换新的摩擦片,要求更换后刹车片厚度>2mm。

③安装新摩擦片或已清理的摩擦片,并用橡皮锤敲击摩擦片使其安装到位。

(4)安装偏航制动器及油管:

①安装偏航制动器连接紧固件,并对螺栓按照对角方式进行力矩紧固,最终应满足产品规定的力矩值,螺栓紧固后需做防腐处理。

②调整液压力矩扳手力矩值至紧固螺栓的规定值,依次对偏航制动器上的紧固螺栓的力矩值进行检测,力矩误差不得超过±5%,若有螺栓的力矩值不合格,必须重新调整此螺栓的力矩,然后再检测,直至力矩值合格为止。螺栓力矩值检测合格后,在螺栓六角头侧面与转子制动器面做防松标记,要求防松标记颜色一致、标记宽3~4mm、长15~20mm,在长度方向无间断,如图3.14所示。待防松标记完全干涸后,用毛刷在每个螺栓和垫圈的裸漏表面均匀地涂抹一层MD-硬膜防锈油,要求清洁、均匀无气泡。

②安装油管时,应将油管推到管接头底部,且油管不得有扭曲。

图3.13 打磨摩擦片　　　　　　图3.14 偏航制动器螺栓防松标记

注意:二次使用的螺栓必须经检查无任何变形、滑牙、缺牙、锈蚀和螺纹粗糙度变化较大的情况,否则需使用新的连接螺栓。

(5)恢复油压:

①用5mm内六角扳手旋紧液压站上截止阀,合上机舱柜液压泵电源开关,按下机舱控制柜上的"复位"按钮,观察偏航制动器油管处是否有漏油现象。

②更换闸体或刹车片后,由于液压油流失,应先将液压油加入油箱中,使油位处于油位计2/3处。

③加油后,需要对制动系统进行排气。排气时,只需将偏航零压阀打开(PLC端子通24V电),让液压系统在没有压力的情况下持续运行5min即可。如果排气完毕,液压油位降低过

多,那么需要继续给液压系统加注液压油,直至使油位处于油位计2/3处。

注意:加油工作必须在排气工作之前进行,排气时需要密切注意液压油位,防止液压泵由于缺油而发生干摩擦导致烧毁。

第三部分　学以致用

问题1.更换偏航制动器前需要做哪些准备工作?

问题2.简述清理偏航制动摩擦片步骤。

问题3.制动器螺栓力矩值检测完后需要做哪些工作?

参考文献

[1]金风2.XMW风力发电机组液压系统介绍.

[2]金风2.0MW机组液压、偏航及润滑控制系统.

[3]金风2.5MW机组运行维护手册(通用版).

[4]金风2.5MW机组液压站调试作业指导书.

[5]金风1.5MW机组偏航系统液压油更换作业指导书.

[6]哈维液压站CWH09-058-S02-00操作与维护手册.

[7]孙伟.风力发电机组维修保养工—中级[M].北京:知识产权出版社,2016.

[8]GW-00FW.0284-金风兆瓦机组液压锁定销排气操作作业指导书.

[9]GW-12FW.0596_金风2.0MW产品线偏航制动器摩擦片更换作业指导书.

[10]金风2.5MW机组转子制动器更换作业指导书.

项目六　主控系统定期维护

目　录

任务1　主控柜定期维护

第一部分　格物致知

★★★　通过本部分学习你应该掌握以下知识：

(1)主控系统的作用。

(2)主控柜体的组成。

◆　1　主控系统的作用

主控系统是机组可靠运行的核心,主要完成以下工作：

(1)采集数据并处理输入、输出信号,判定逻辑功能。

(2)对外围执行机构发出控制指令。

(3)与机舱柜及变桨控制系统进行通信,接收机舱柜及变桨控制系统的信号。

(4)与中央监控系统通信、传递信息。

◆　2　主控系统柜体组成

◆　2.1　主控柜

主控柜主要负责整机的配电输送和对整机系统总体控制,柜内的PLC是整机的"大脑"。

风力发电机组主控系统能够满足无人值守、独立运行、监测及控制的要求,运行数据与统计数值可通过就地控制系统或远程中央监控计算机记录和查询,它可以通过就地操作面板显示风力发电机组信息,可以通过就地按钮和就地监控系统对风机操作,并且可以由远程中央监控系统实施对风力发电机组的启动、停机、复位等基本操作。以GW2S机型为例,其主控柜安装在塔基平台,柜内主要元器件如图1.1所示。

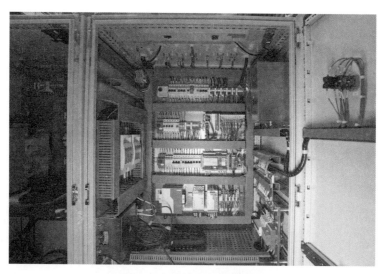

图1.1　主控柜内主要元器件

◆ **2.2　机舱和轮毂部分**

◆ **2.2.1　机舱柜**

机舱柜主要负责偏航、液压系统、发电机冷却系统的配电、监测和控制,机舱传感器各种信号接入。机舱柜内主要包括机舱子站、断路器、继电器、接触器等,如图1.2所示。

图1.2　机舱柜

◆ **2.2.2　测控柜**

测控柜主要负责变桨主轴润滑和轮毂传感器信号接入。测控柜内元器件如图1.3所示。

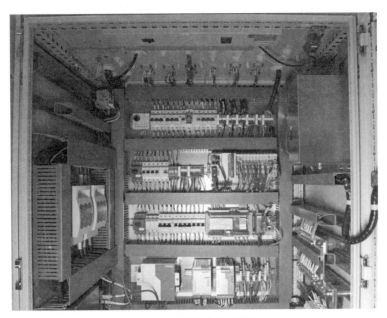

图1.3　测控柜内部元器件

【小贴士】

由中国华电集团有限公司、陕西能源有限公司和东方电气风电股份有限公司联合研制的"华电睿风"自主可控主控系统于2021年12月10日在陕西土桥风电场3MW直驱型风电机组成功投运。这是继2021年11月在甘肃黑崖子3MW双馈型风电机组投运之后,中央企业联合创新的又一重大成果。通过联合攻关,"华电睿风"对标国际主流风电机组控制产品,成功突破陆上大型直驱型风电机组主控系统的各项技术难点,核心软硬件实现全国产化。

"华电睿风"主控系统此次在陆上3MW直驱型风电机组上成功投运,是中国华电集团有限公司响应国家关键核心技术自主可控号召、深耕能源安全的又一力作,标志着"华电睿风"自主可控主控系统在不同原理风机适配方面又迈出了坚实的一步,中国华电集团有限公司将以党的十九届六中全会精神为指引,继续发挥产业优势,坚持创新,强化协同,持续推动创新链与产业链深度融合,为我国电力产业高质量发展贡献力量。

第二部分　知行合一

★★★　通过本部分学习应该掌握以下技能:

(1)能够通过目测检查出主控柜内控制电缆损伤、绝缘老化、锈迹、标示牌缺失、电缆连接不牢固等缺陷。

(2)能够检查及更换主控柜过滤网,要求更换后的过滤网无破损,无灰尘脏物。

(3)能够按照机组参数清单或电气原理图,调整系统装置内设的断路器、过速继电器等电气元件的保护定值,要求定值的设定与图纸标定一致。

(4)能够测试及更换UPS蓄电池,要求更换后UPS供电正常。

(5)能够测试加热器、散热风扇,要求测试结果准确。

◆ 1 安全注意事项

(1)电气维护工作涉及低压电气设备合闸送电,根据相关安全规定做好安全措施。

(2)主控柜内电气元件检查时必须在操作前将设备预先切断电气连接,放电(若要)并且验电后,方可开始操作;电气元件进行功能测试时须两人互相监督,一旦发生触电危险,及时救护。

(3)蓄电池存在电击危险和短路电流危险。为了避免触电伤人事故,在更换电池时,请遵守以下警告:

①不要佩戴手表、戒指等金属物体;

②使用绝缘的工具;

③穿戴橡胶鞋和绝缘手套;

④不能将金属工具或者金属零件放在电池上;

⑤在拆电池连接端子前,必须先断开连接在电池上的负载。

(4)非专业人士请勿打开或损毁蓄电池,因为电池中的电解液含有强酸等危险物质,会对皮肤和眼睛造成伤害,如果不小心接触到电解液,应立即用大量的清水进行清洗,并去医院检查。

◆ 2 工具及耗材清单

主控柜维护所需工具及耗材见表1.1。

表1.1 主控柜维护所需工具及耗材

序号	工具/耗材	型号/规格	数量
1	活动扳手	25mm	1把
2	一字起	5×75mm、3×200mm	各1把
3	十字起	3×200mm	1把
4	端子起	2×40mm	1把
5	照明设备		1个
6	万用表	Fluke-F15B	1个
7	开口扳手	17mm	1把

序号	工具/耗材	型号/规格	数量
8	开口扳手	24mm	2把
9	尖嘴钳		1把
10	棘轮扳手		1把
11	套筒	17mm	1个
12	套筒	19mm	1个
13	斜口钳		1把
14	力矩扳手	100N·m 1/2系列专业可调式扭力扳手	1把
15	绝缘测试仪	FLUKE-1508	1个
16	工业吸尘器		1台
17	防水胶带		足量
18	绑扎带	500mm	15个
19	绑扎带	350mm	10个
20	大布		足量

3 维护操作

3.1 主控柜内元器件及电缆检查

目测柜内所有器件、电缆外观,器件应无损坏,固定牢固,如图1.4所示。连接点无烧灼痕迹,绝缘、防腐完好,电缆绑扎牢固、无松动。若存在电缆绝缘老化,元器件损毁等情况,则必须更换。若存在电缆绑扎不牢固、接头松动等情况,则必须重新紧固。

3.2 主控柜防尘滤网的维护和更换

柜体通风过滤窗如图1.5所示。防尘滤网的维护和更换按照以下步骤进行:

(1)检查过滤窗外罩是否完好,使用一字起按照图1.6所示位置拆卸过滤窗外罩。

(2)取出过滤窗内的滤棉,操作时应注意防尘,如图1.7所示。

(3)检查滤棉有无明显灰尘、杂物,若有,须拆下滤棉,使用高压气泵和工业吸尘器清理。如滤棉有破损或灰尘杂物过多,无法清除干净,则必须更换滤棉。

(4)检查过滤窗内壳无灰尘、杂物等,使用抹布清理过滤器内部杂物。

(5)安装还原。

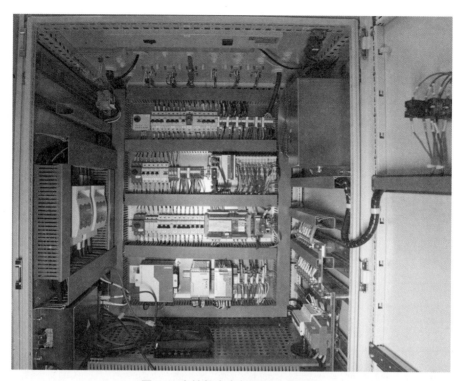

图1.4 主控柜内电气元器件及电缆

图1.5 柜体通风过滤窗

图1.6　过滤窗外罩拆卸

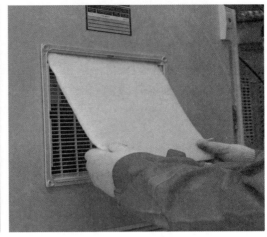

图1.7　过滤棉

◆ 3.3　散热风扇的检查

检查散热风扇时,首先应调节温度开关,如图1.8所示,调节温控开关设定值至最小值,观察风扇是否转动。其次,检查风扇的旋转方向,应能感到风扇往外吹风,从风扇外部往里看,风扇呈顺时针方向旋转。若风扇旋转方向相反,则必须更换风扇接线相序。接下来,风扇启动时,仔细听是否有异响,扇叶有无异响等。若有,更换备件。

若调整温度开关后散热风扇仍不能正常工作,应检查散热风扇接线有无松动,使用万用表测供电开关是否有230VAC。若有电压则表明接线无松动,接下来应检查温度开关是否损坏,若开关损坏,则必须更换。

散热风扇的更换应按照以下步骤进行:

(1)关闭风扇供电开关;

(2)拔下风扇线插头,如图1.9所示;

(3)松开上层和下层各4个螺钉,将风扇取出。

◆ 3.4　加热器的检查

调节加热器温控开关设定值至最大值,如图1.10所示,触发加热器工作,如图1.11所示,用手感受加热器出风口处有无热风。温控开关以及加热器功能检查完成后,将温度控制旋钮旋回初始设定位置。

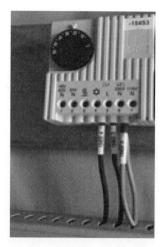

图1.8　散热风扇温度开关

图1.9　散热风扇线插头

图1.10　加热器温控开关

图1.11　加热器

◆ 3.5　主控系统内设元器件的设定

◆ 3.5.1　断路器设定

观察断路器整定值是否与主控参数要求一致,如图1.12所示。

图中断路器整定值标准:

(1)标号:-202Q10;

(2)额定电流:2.5~4A;

(3)整定值:3A。

若参数不一致,需要调定参数。调定方法:使用十字螺丝刀旋转断路器上的调节按钮至要求值即可。

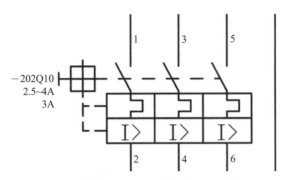

图1.12　主控系统某断路器电路图(局部图)

◆　3.5.2　过速保护功能测试

本部分以GW2S机组为例。

(1)主控程序下装完成后,打开网页监控,查看参数项,确认机组额定转速。

(2)设置过速模块的拨码开关S1~S8对应额定转速值进行设置拨码,参考图1.13。

额定转速 /（r/mim）	过速保护值 /（r/mim）	124A4 Overspeed Module 3.0 过速模块设置说明: 拨码设置（ON为止为1,反之为0） S1 S2 S3 S4 S5 S6 S7 S8
11.0	13.2	00000011
11.8/12.3	14.8	11010011
12.8	15.4	11110011

图1.13　过速模块拨码开关

(3)过速测试:

①124X7端子排2号端子、5号端子传感器侧接线拆除;

②将141D08:A1与124X7端子排2号端子短接;

③将141D08:A2与24X7端子排5号端子短接;

④进入WEB网页监控,测试过速模块在大于过速值时是否动作,可以通过网页监控将"过速测试"置为"TRUE"来进行测试如图1.14所示;

过速继电器调试		
过速测试	FALSE	
模拟叶轮转速	0.0	rpm
断电量启过速断电器	FALSE	
过速断电器重启命令	FALSE	●

图1.14　过速继电器调试

⑤观察过速值增大过程中,机组安全链动作,报安全链故障和过速故障。

◆ 3.6 UPS蓄电池检测及更换

本部分以菲尼克斯QUINT-DC-UPS-24V-20A产品为例。

UPS运行过程中,如果同时出现绿色LED指示灯灭,黄色LED指示灯灭,红色LED指示灯亮,说明蓄电池已没电,已老化,须更换新的蓄电池。

(1)将机组停机并打到维护模式,经UPS及蓄电池所在的控制柜的主电源开关断开,确保柜内没电,做如下操作。

(2)将UPS面板旋钮调节到"Service"维修模式,如图1.1,5所示。

(3)将电池的保险丝取出,如图1.16所示。

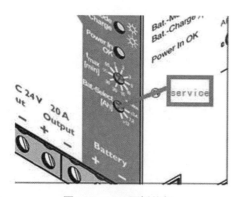

图1.15 UPS面板旋钮

图1.16 保险丝

(4)拆除电池与UPS间的连接线,拆线位置如图1.17所示。注意避免电池的正负极接线短接或正负极与其他金属设备搭接,以防电池剩余电量放电打火。

(5)拆除蓄电池的四角固定螺钉,并将蓄电池拿下,如图1.18所示。

图1.17 电池接线位置

图1.18 电池固定螺钉

(6)将全新的蓄电池按照旧电池的方式安装并固定在柜体底板上,注意避免蓄电池磕碰。

（7）将新蓄电池与UPS之间的电源线接好，注意避免电池正负极接反。

（8）将蓄电池保险丝插入指定位置。

（9）闭合柜内电源开关，给UPS通电，将UPS面板旋钮从"Service"模式调节到指定电池容量7.2Ah（如2块7.2Ah电池并联使用时，需选择挡位12Ah）。

（10）首次使用，先给蓄电池充满电以延长电池的使用寿命。

（11）蓄电池更换完成。

第三部分　学以致用

问题1. 主控柜的作用有哪些？

问题2. 简述加热器检测方法。

问题3. 简述UPS蓄电池更换步骤。

任务2　安全链定期维护

第一部分　格物致知

★★★　通过本部分学习应该掌握以下知识：

(1)安全链的作用。

(2)安全链的安全节点、保护逻辑及其动作原理。

◆　1　安全链的作用

风力发电机组是全天候的自动运行的设备,其整个运行过程都处于严密控制之中。安全保护系统是确保风机安全的最高层的防护措施。机组安全系统也称安全链,它是独立于计算机系统的软硬件保护措施。安全链采用反逻辑设计,将可能对风力机组造成严重损害的故障节点串联成一个回路,一旦其中的一个节点动作,机组立刻即紧急停机,执行机构失电,机组瞬间脱网,并使主控系统和变桨系统处于闭锁状态,从而最大限度地保证机组的安全。如果故障节点得不到恢复,整个机组的正常运行操作都不能实现。同时,安全链也是整个机组的最后一道保护。

◆　2　安全链的节点和保护逻辑

安全链节点包括扭缆开关、急停按钮、PLC急停、过速、振动开关、变桨安全链、安全门。其保护逻辑如图2.1所示。

◆　3　安全链中的各个节点及其动作原理

◆　3.1　扭缆开关

扭缆开关被安装在机舱中的偏航扭缆计数器(凸轮计数器)中,如图2.2所示。偏航扭缆计数器里面挂载凸轮微动开关,而且由凸轮与微动触点之间的距离可以计算出凸轮触动触点时机组的偏航行程,所以把偏航扭缆计数器凸轮微动开关串接到机组的安全链里,作为机组的扭缆的最后一道安全保护。

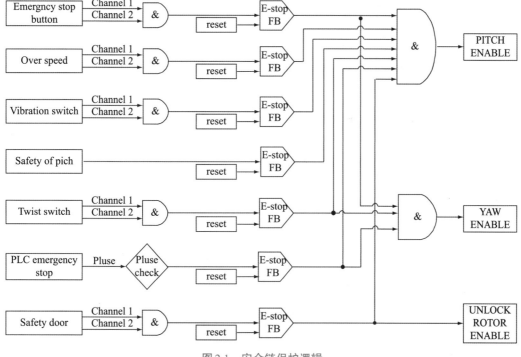

图 2.1　安全链保护逻辑

◆　3.2　振动开关

　　振动开关监测的是机组的机舱的振动摆幅,同时也是机组振动的最后一道保护,其开关触点被串接在机组的安全链回路里。常见的振动开关有摆锤式和链球式两种。2S 机组中使用的是摆锤式振动开关,如图 2.3 所示。摆锤式振动开关由一个安装在微动开关上的摆针及重锤组成,重锤按照机组摆动幅度的保护数值被固定在摆针的合适位置上。当机组因振动出现较大幅度的摆动时,摆锤带动摆针晃动,使微动开关动作引起机组的紧急或安全停机。当机组重新启动时,摆锤必须回到竖直位置。

◆　3.3　发电机过速 1 和过速 2

　　在机组过速保护上使用 OVERSPEED 模块判断电机转速是否超过设定保护值,如图 2.4 所示。若电机转速超过设定保护值,则模块将断开内部的保护触点。该触点信号串联在系统安全链内,从而导致系统安全链动作机组保护停机,从而达到电机过速保护的目的。

图2.2 扭缆开关

图2.3 摆锤式振动开关

图2.4 OVERSPEED模块

【小贴士】

在风力发电应用过程中,考察与审核是必不可少的环节,并且对其应用的材料也制定了明确的要求,制定了严格的发电设计标准,加强了对电气的控制力度,还将各种因素的影响纳入安全运行保障的考量范围。然而在风力发电机组运行过程中,安全事故问题仍时有发生,只有从安全技术的强化入手,才可保障风力发电机组的安全运行。

在风力发电机组运行时,如果核心部件出现损毁,将会对其运行安全产生影响,通常齿轮箱、发电机以及轮毂集电环等重要部件应用数量较多,并且较易出现故障,维修及维护成本都相对较高,并且在零件后还须进行烦琐的调试工作,并且即使更换了部件还存在损坏的可能,不仅需要再次维修,也需投入大量的维修成本。

风力发电机组能否稳定与安全运行,取决于其控制系统能否展现出良好的控制效果。现阶段,风力发电机组的控制系统当中应用的都是安全链保护系统。这种运行系统较为独立,安全链保护系统采用的是单回路结构,各个监控点相互关联,一旦发电机组出现故障,单回路将会自动触发开关而关闭回路,停止风力发电机组的运行,进而实现对其安全保护。

第二部分　知行合一

★★★　通过本部分学习应该掌握以下技能:

(1)能够根据维护手册,使用合适的工具测试主控、机舱、变流三个柜体的急停按钮,并能够测试急停按钮的通断。

(2)能够根据维护手册,使用合适的工具测试机舱振动开关的功能,并调整振动开关摆锤的位置。

(3)能够使用正确的工具和软件,按照正确的操作步骤测试扭揽开关,测试完毕后恢复扭揽开关。

(4)能够使用正确的工具和软件,按照正确的操作步骤对过速模块的功能进行测试,测试完毕后恢复接线。

(5)能够在适当的机组状态下打开安全门,并通过监控面板判断安全门是否正常。

◆　1　安全注意事项

(1)由于振动触发安全链导致停机,未经现场叶片和螺栓检查不可启动风机。

(2)当火灾危及人员和设备时,运行人员应立即拉开着火机组线路侧的断路器。

(3)电气维护工作涉及低压电气设备合闸送电,根据相关安全规定做好安全措施。

(4)操作过程中带好劳保手套等防护用品,防止夹伤。

(5)柜内电气元件检查时必须在操作前将设备切断电气连接,放电(若需要)并且验电后,方可开始操作。

◆ 2 工具及耗材清单

安全链维护所需工具及耗材见表2.1。

表2.1 安全链维护所需具及耗材清单

序号	工具/耗材	型号/规格	数量
1	万用表		1台
2	卷尺		1把
3	笔记本电脑		1台

◆ 3 维护操作

◆ 3.1 检查主控柜紧急停机按钮

测试步骤:

(1)按下主控柜"紧急停机按钮",如图2.5所示,观察网页监控显示的故障信息。

图2.5 塔底急停按钮

(2)测试结束后旋出该按钮并观察机组状态。

(3)旋出主控柜急停按钮后按复位按钮。

在标准情况下,在按下主控柜"紧急停机按钮"时,主控柜红色故障灯亮即可。

◆ 3.2 检查变流控制柜紧急停机按钮

测试步骤:

(1)按下变流控制柜"紧急停机按钮",观察机组状态。

(2)测试结束后旋出该按钮并观察机组状态。

(3)测试结束后旋出该按钮并故障复位。

在标准情况下,在按下变流控制柜的"紧急停机按钮"时,电脑监控网页报变流器紧急停机故障,主控柜的红色故障灯亮即可。

◆　3.3　检查机舱振动开关

检查步骤:

(1)检查振动开关摆锤至支柱根部距离10cm,如图2.6所示。

图2.6　测量振动开关摆锤至支柱根部距离

(2)在无安全链故障情况下,手动触发振动开关,机组报振动开关故障,安全继电器对应指示灯熄灭。

(3)将振动开关复位(摆锤处于垂直状态):

(4)按下复位按钮。

◆　3.4　测试扭缆开关

测试方法:

先通过电脑网页监控记录偏航位置初始值,然后将偏航位置传感器拆下,手动旋转偏航位置传感器的凸轮,分别顺时针旋转至左偏航极限位置(+870°～+900°),逆时针旋转至右偏航极限位置(-900°～-870°)时,均会触发扭缆开关信号,机组报扭缆开关故障,安全链断开扭缆信号触发正常,测试完毕恢复偏航位置初始值。

3.5　检查过速模块(以GW2S机组为例)

(1)将机舱柜中124X7端子排2号端子、5号端子的叶轮转速传感器侧接线拆下;将过速传感器测试脉冲1号线(自备)一端接入测试通道141DO8:A1,另一端接到127X7端子排中2号端子;将过速传感器测试脉冲2号线(自备)一端接入测试通道141DO8:A2,另一端接到127X7端子排中5号端子。

(2)进入Web网页调试界面,如图2.7所示。

(3)在调试界面,将"叶轮超速保护测试激活"设置为"True"。

(4)此时机组应报过速故障。

(5)在调试界面,将"叶轮超速保护测试激活"设置为"False"。机组复位,过速故障消失,测试结束。

图2.7　Web网页调试界面

3.6　测试安全门

本部分以GW1.5MW机组为例。

风机在维护模式且无故障时,打开机舱安全门,观察监控界面故障信息,关闭安全门进行故障复位。

标准情况为监控界面显示机舱安全门故障,复位后故障消除。

离开机舱前必须关闭安全门并执行下列步骤:释放叶轮锁之前要将安全门锁调到锁定位置(目的是确保人员能够出来),进行复位后,才可释放叶轮锁。

安全门锁锁定后,标识箭头应指向锁定状态,如图2.8所示。

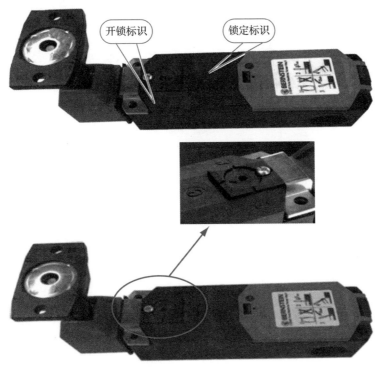

开锁标识

锁定标识

图2.8　安全门锁

第三部分　学以致用

问题1. 如何测试主控柜紧急停机按钮?

问题2. 如何测试机舱振动开关的功能?

问题3. 简述对过速模块的功能进行测试的步骤。

任务3 传感器定期维护

第一部分 格物致知

★★★ 通过本部分学习应该掌握以下知识：
主控系统主要传感器的类型及作用。

◆ 1 接近开关

GW2S机组主控系统中,有两处功能采用了接近开关(图3.1)作为传感器。

◆ 1.1 发电机转速

接近开关测量发电机轴承齿形盘,获得一组正比例于发电机转速的脉冲信号,送入OVERSPEED模块,由OVERSPEED模块转换为0~10V的电压信号后送入PLC,计算出发电机转速。

◆ 1.2 偏航位置

双接近开关安装于偏航轴承齿前,通过识别两只接近开关的高低电平状态可以计量偏航过程中偏航位置增量数据,同时可以判定偏航方向。双接近开关测得的偏航角度=[偏航计数值/(4×179)]×360°。

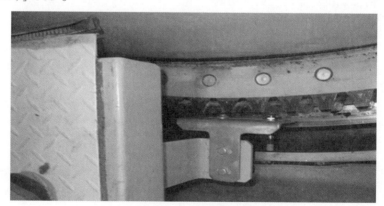

图3.1 接近开关

◆ 2 机械式风速仪

在风电领域常见的机械式测风仪为转杯式风速仪。它最早由英国的鲁宾孙发明。它的测风装置主要是三个互成120°的半球形空杯,它们朝着同一个方向安装在可以自由转动的轴上,在风力的作用下风杯绕轴旋转,再通过内部的电路将风杯转动的动能转化为电信号,从而测得风速值。其外形如图3.2所示。

◆ 3　机械式风向标

风向标是一个不对称形状的物体,由风标、风轮、尾翼、动杆、主杆、底座等6部分组成。机械式风向标的重心点固定于垂直轴上(图3.3),当风吹过,对空气流动产生较大阻力的一端便会顺风转动,显示风向。

图3.2　机械式风速仪　　　　　　　　　　　图3.3　机械式风向标

随着数字电路的发展,更多形式的测风装置也应用在风电领域,超声波风速风向仪(图3.4)就是其中一种。其无轴承的结构优势,提高了测风装置在风沙、盐雾、冰冻等恶劣环境下的运行可靠性。其主要结构是两对可发送和接收超声波的触头,如图3.4所示。

超声波风速风向仪是利用超声波时差法来实现风速、风向测量的。由于超声波在空气中的传播速度会和风向上的气流速度叠加:如超声波的传播方向和风向相同,那么它的速度会加快;如超声波的传播方向与风向相反,那么它的速度会变慢。所以,在固定的检测条件下,超声波在空气中的传动的速度和风速风向函数对应,通过测量和计算发送端和接收端的超声波便可得到精确的风速、风向值。

◆ 4　安全门锁

叶轮锁定完成后,安全门锁(图3.5)自动解锁,维护人员可进入轮毂维护。若安全门未关闭,无法操作叶轮锁定功能。安全门锁上有解锁旋钮。

图3.4　超声波风速风向仪　　　　　　　　图3.5　安全门锁

◆ 5　机舱位置传感器

2S机组采用霍尔传感器(图3.6),无接触式磁感应测量原理,转轴上转动的磁块导致磁场方向改变,传感器电路捕获磁场方向的变化,由此来确定移动的角度,角度转换为模拟量信号输出。它具有无磨损,寿命长的优点。

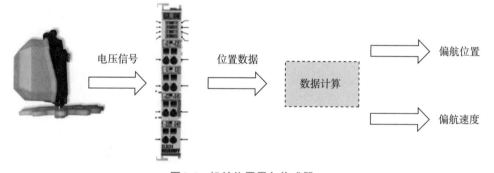

图3.6　机舱位置霍尔传感器

【小贴士】

中国已经在核电、水电、航空、航天、汽车、轨道交通等工业领域,拥有一批质量水平较高的规模化、专业化铸造企业。宁波麦思电子科技有限公司的姿态传感器为海陆空大国重器插上了"智"膀。这种姿态传感器可用于俯、仰、横滚角度测量。美国Honeywell公司生产的这类传感器全球市场占有率第一,其航向角精度0.5°,但是不面向中国销售。宁波麦思电子科技有限公司的异军崛起,一举打破了这种国际垄断。这一产品由宁波市政府引入"3315"计划、慈溪上林英才资助的北京大学研究团队研发,该研发团队创造了拥有自主知识产权的MEMS传感器,并将这种技术用于姿态传感器,其产品研发及制作工艺均居于世界领先地位,它的横滚角和俯仰角精度高达0.001°,方位角精度高达0.1°,而且应用场景响应快,能提供整体解决方案,包括开放部分源代码、提供方案设计、接口硬件电路安装。

第二部分　知行合一

★★★　通过本部分学习应该掌握以下技能:

(1)能够通过便携式风速风向仪或监控软件,校对机组的风速风向仪测量值,要求风向值误差<2°,风速误差≤1m/s。

(2)能够使用塞尺检查和调整接近开关安装位置,要求与测量面间隙在(2.5±0.5)mm。

(3)能够根据操作指导书测试和调整温控开关,要求启停温度误差不超过5℃。

◆　1　安全注意事项

(1)电气维护工作涉及低压电气设备合闸送电,须根据相关安全规定做好安全措施。

(2)柜内电气元件检查时必须在操作前将设备预先切断电气连接,放电(若需要)并且验电后,方可开始操作;电气元件进行功能测试时须有人看护,一旦发生触电危险,及时救护。

◆　2　工具及耗材清单

传感器定期维护所需工具及耗材见表3.1。

表3.1　传感器定期维护所需工具及耗材

序号	工具/耗材	型号/规格	数量
1	塞尺		1把
2	风速仪		1把
3	风向标		1套

◆　3　维护操作

◆　3.1　调试风仪器

◆　3.1.1　测试风向标

(1)使用手持风向标测量机组所在位置的风向。

(2)进入Web网页观察"驱动"界面风向标数据,如图3.7所示。正常情况下,其数值应与手持风向标测量值一致。

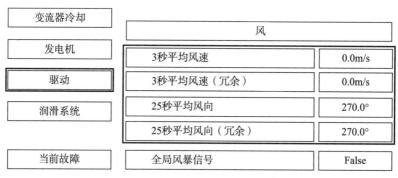

图3.7　Web监控界面

（3）根据机舱位置，可以手动调整到90°、180°和270°来分别观察风向标在这三处实际位置与Web网页显示数值的对应情况。

（4）如果发现对风不正确，松掉风向标底座顶丝(或内六方螺栓)重新调整。

（5）风向标标识"S线"正对机头，或"N线"正对机尾。调整完毕后固定底座顶丝(或螺栓)。

◆ 3.1.2　测试风速仪

（1）使用便携式风速仪，观察风速仪数据的变化是否符合实际情况。

（2）手动拨动风速仪，观察数据是否随着变化。

◆ 3.2　调试叶轮转速接近开关

（1）锁定叶轮。

（2）进入轮毂，检查两个测量叶轮转速的接近开关安装牢固、无松动。

注意: 进入轮毂前确认叶轮已锁定。

（3）用塞尺测量两个叶轮转速接近开关与齿盘的距离均为(2.5±0.5)mm。

（4）用金属片测试接近开关:使用金属片在接近开关探头前晃动，观察机舱柜中124K9过速继电器S34、S43指示灯时亮时灭为正常。

（5）退出轮毂，释放叶轮。

◆ 3.3　测试温控开关

功能测试:分别调节温控开关(图3.8)设定值至最大值与最小值，观察加热器与散热风扇运行情况，测试后恢复温控开关至初始设定值。

（1）调节温控开关设定值至高于当前环境温度时加热器启动。

（2）调节温控开关设定值至低于当前环境温度时散热风扇启动，正常工作时运行无振动、异响。

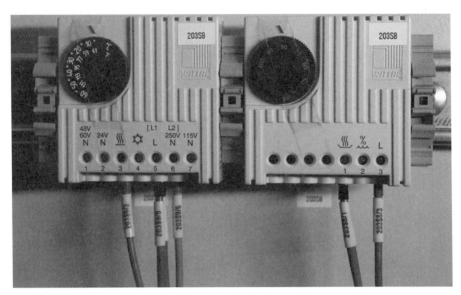

图3.8　温控开关

第三部分　学以致用

问题1.如何校对机组的风速风向仪测量值？

问题2.如何检查接近开关安装位置？

问题3.简述测试温控开关步骤。

项目七 传动系统定期维护

目　录

传动系统是处于动力机和执行机构之间的中间装置,是叶片动能转换为电能的关键装置,由主轴轴系、齿轮箱、联轴器组成。传动系统定期维护是指按照机组定期维护指导书要求的技术规范,在规定的时间内对主轴轴系、齿轮箱、联轴器实施的预防性维护。

对传动系统进行定期维护,可以提前发现设备缺陷及隐患并及时进行处理,延长设备使用寿命。在一般情况下,传动系统的首次定期维护在机组正常运行满500h时进行,以后每半年进行一次。在进行传动系统期维护工作时,要严格按照标准检修清单执行检修任务,并做好记录。传动系统定期维护工作必须由专业风电运维人员或接受过风电公司培训并得到认可的人员完成。

传动系统定期维护人员应具备以下技能:

(1)掌握并能够执行传动系统定期维护过程中安全注意事项。

(2)掌握传动系统定期维护任务的全部内容,并可以按照相关手册完成缺陷排查。

(3)掌握主轴轴系的定期维护操作步骤及常见问题的处理方法。

(4)掌握齿轮箱的定期维护操作步骤及常见问题的处理方法。

(5)掌握联轴器的定期维护操作步骤及常见问题的处理方法。

本册内容以东汽FD1500系列机组传动系统为例,讲解传动系统定期维护内容。

任务1 主轴轴系定期维护

◆ 1 任务目标

熟悉主轴轴系每项内容维护工作的方法及使用工具,达到主轴轴系定期维护的目的。

◆ 2 任务说明

主轴轴系是传动系统的重要组成部分,通过对主轴轴系定期维护,及时发现主轴轴系及防雷装置、自动注油系统的缺陷,并及时进行处理。定期维护完成后,主轴轴系各项指标须达到定期维护标准。如果对主轴轴系缺陷发现但处理不及时,会加大雷雨天防雷碳刷损坏、造成叶片遭受雷击的风险,可能导致自动润滑系统长期缺油而主轴温度高,更严重会导致主轴轴承损坏。

◆ 3 工作场景

主轴轴系定期维护工作场景如图1.1所示。

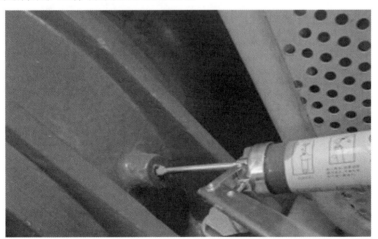

图1.1 主轴轴系定期维护工作场景

第一部分 格物致知

★★★ 通过本部分学习应该掌握以下知识:

(1)主轴轴系的作用。

(2)主轴轴系的结构。

◆ 1 主轴轴系的作用

每组风力发电机组都有一根主轴,有时称其为低速轴或叶轮轴。主轴是把来自风轮轮毂的旋转机械能传递给齿轮箱或直接传递给发电机。主轴承担了支撑轮毂处传递过来的各种负载的作用并将转矩传递给增速齿轮箱,将轴向推力、气动弯矩传递给机舱、塔架,主轴还要承受重力载荷以及轴承和齿轮箱的反作用力。

◆ 2 主轴轴系的结构

主轴轴系主要由主轴、主轴承、轴承座等组成,如图1.2所示。

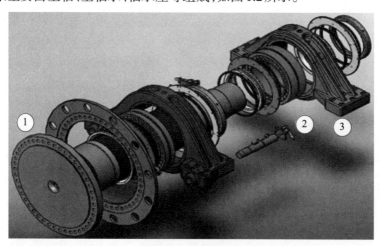

图1.2 主轴轴系

1. 主轴；2. 主轴承；3. 轴承座

◆ 2.1 主轴

主轴安装在风轮和齿轮箱之间,前端通过螺栓与轮毂刚性连接,后端与齿轮箱低速轴连接,承力大且复杂(图1.30)。其受力形式主要有轴向力、径向力、弯矩、转矩和剪切力,风机每经历一次启动和停机,主轴所受的各种力都将经历一次循环,因此会产生循环疲劳。所以,主轴具有较高的综合力学性能。

根据受力情况,主轴做成变截面结构。在主轴中心有一个轴心通孔,将液压变桨的液压油或电动变桨的供电控制等所需电缆送到轮毂中,如图1.4所示。

主轴安装结构一般有两种,如图1.5所示。图1.5(a)所示为挑臂梁结构,主轴由两个轴承架支撑。图1.5(b)所示为悬臂梁结构,主轴的一个支撑为轴承架,另一支撑为齿轮箱,也就是三点式支撑。这种结构的优点是前支点为刚性支撑,后支点(齿轮箱)为弹性支撑,因此能够承受来自叶片的突变负载。

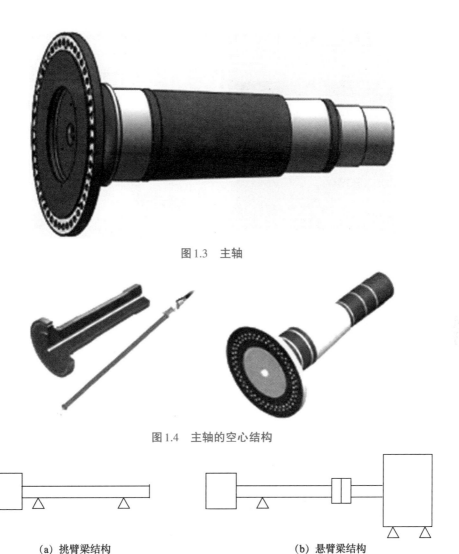

图1.3　主轴

图1.4　主轴的空心结构

（a）挑臂梁结构　　　　　　　　　　　（b）悬臂梁结构

图1.5　主轴的安装

2.2　主轴承

主轴被轴承支撑，支撑轴承将载荷传递到机舱底板。通常，主轴承采用双列球面调心滚子轴承，一般采用的是42CrMo材质，经调质后，中频淬火提高其表面硬度，保持其芯部的韧性。与普通轴承一样，球面滚子轴承由外圈、内圈、滚子与保持架组成，其主要特点是滚子与滚道不同，如图1.6所示。

2.3　轴承座

轴承座是轴承的重要结构部件，采用优质球墨铸铁铸造而成，具有优良的力学性能和延展性。主轴轴承座需要与主轴轴承装配，因此加工精度要求高。主轴轴承座作为风机中重要的承载部件,将主轴及主轴轴承固定在机架上,通过高强度螺栓与机架相连。轴承座如图1.7所示。

图1.6 双列球面调心滚子轴承

图1.7 轴承座

　　对于双轴承风力发电机组来说,每个轴承所起的作用不一样。靠近风轮侧的轴承为浮动轴承,它的主要作用是把风轮和传动链的重力传递给机架,因此该轴承座在强度上要求比较高,在设计浮力轴承安装位置时要考虑风轮的重量,最理想情况是要求浮力轴承安装在风轮和传动链的重心位置(图1.8),但由于受风机总体结构的限制很难达到。

图1.8 轴承座的安装

1.前轴承(浮动轴承);2.后轴承(止推轴承)

　　靠近齿轮箱一侧的轴承为止推轴承,空气动力学要求风轮的扫风面与垂直面有一定的夹角,因此,整个传动链安装到机架上后也会与水平面形成一定的夹角,那么,在重力的分力作用下,主轴会给齿轮箱一个很大的推力,当然,这种推力会影响齿轮箱的正常工作,这是我们所不希望的,而止推轴承的结构特点直接把这种推力传递给了机架。

【小贴士】

近年来,由于资源短缺和环境恶化,世界各国开始重视开发和利用可再生能源和清洁能源。风能作为一种绿色、环保的能源,已越来越得到人们的重视。风电产品更新换代的速度非常迅速。而风电主轴又是风电机组中一个核心部件,其质量决定了整个风力发电整机的使用寿命。

随着风电机组的大型化,风电主轴尺寸在增加,产品重量也在急剧增加。这些因素都大大增加了风电主轴的锻造、机加工以及热处理等各生产工序的难度,并提高了生产成本,增加了产品的质量控制难度。因此针对此类大型风电主轴的生产工艺方案、工艺路线和生产工艺条件,都必须进行技术升级或技术革新,才能保证产品质量符合客户要求,并顺利生产和交货。

第二部分　知行合一

★★★　通过本部分学习应该掌握以下技能:

(1)能够使用手动加脂枪完成主轴轴承的手动注油作业;要求油脂型号选择正确、操作过程符合工艺标准。

(2)能够通过操作控制面板,测试主轴轴承自动注油系统工作是否正常(油泵、油位、是否出油)。

(3)能够使用正确的工具校验主轴轴承各处连接螺栓的力矩值是否在正常范围内。

(4)能够使用游标卡尺正确测量防雷电装置(或碳刷),碳刷长度 $L > 20mm$,若小于20mm,须对碳刷进行更换。

(5)能够使用合适的工具清理油脂集油盘,并检查排出的油脂颜色是否正常,是否含铁屑。

(6)能够使用合适的工具紧固主轴的锁紧套。

◆　1　安全注意事项

(1)废弃物处理遵照当地法律法规,避免造成环境污染。

(2)操作油脂加注枪时,合理使用工具,避免误伤自己和其他人员。

(3)油脂加注过程中,避免将油脂溅入口鼻、眼睛中。

(4)在对主轴进行定期维护工作时,务必锁定叶轮,防止夹伤。

(5)维护之后启动之前,确保主轴保护罩壳等安全保护措施恢复。

(6)液压扳手使用过程中注意防止夹手。

◆ 2 工具及耗材

主轴承定期维护所需工具及耗材见表1.1。

表1.1 主轴承定期维护所需工具及耗材

序号	工具/耗材	型号/规格	数量
1	油脂加注枪		1把
2	润滑脂	克鲁勃油脂BEM41-141	2000g
3	记号笔	红色	若干
4	液压泵	不限	1台
5	液压扳手	三型	1台
6	油管	10m	1根
7	小螺丝刀		1把
8	塞尺		1组
9	游标卡尺		1把
10	抹布		若干
11	无水乙醇		1桶
12	螺旋千斤顶	不限	1个
13	内六角扳手		1套
14	开口扳手	13件套	1把

◆ 3 操作步骤

◆ 3.1 停机维护

(1)按下主控柜上面的停机按钮,等待风机切换至停机状态。

(2)旋转主控柜上面的维护钥匙至维护模式,等待并网指示灯熄灭,网侧断路器断开后方可登机操作。主控柜停机按钮及维护钥匙如图1.9所示。

◆ 3.2 自动注油系统定期维护

◆ 3.2.1 检查润滑油泵是否正常工作

手动触发润滑油泵,检查油泵是否正常工作,若不正常,则应记录并进行处理(图1.10)。

◆ 3.2.2 检查油泵、管路是否堵塞、泄漏

(1)检查润滑油泵安全阀上的红色指针是否弹出(图1.11),若弹出,则证明润滑系统被堵塞,必须查明堵塞点并进行处理。

（2）检查润滑管路是否堵塞（图1.12）、泄漏,固定是否牢靠,若有,则及时进行处理并清理泄漏油脂。

图1.9　主控柜停机按钮及维护钥匙

图1.10　主轴润滑油泵工作图示

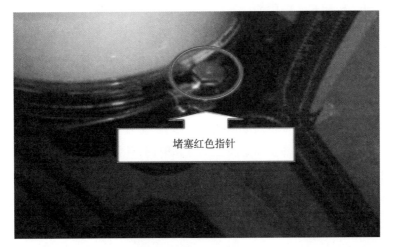
图1.11　油泵堵塞指针

图1.12　油泵堵塞

◆ 3.2.3　检查润滑系统润滑时间设置

(1)检查润滑油泵润滑时间设置是否正确。

(2)对于不带控制板的润滑油泵,主控参数设置如下:运行时间6.5min,间隔时间24h。

(3)对于带控制板(图1.13)的润滑油泵,主控参数设置如下:间隔时间0h;油泵控制板参数设置为运行2min,间隔8h(红1蓝8)。

◆ 3.2.4　主轴润滑油泵加注润滑油脂(油脂型号以风场实际为准)

(1)检查润滑油泵内油脂油位,在此油位上标记刻度线及检查日期,对比上一次加注油脂后所画刻度线,估算油脂使用量并填写在检查记录表中(主轴油泵max和min刻度线之间油位差为8L或4L油脂,据此估算油脂使用量)。

(2)给油缸内加注润滑油脂,到达缸体上所标注的上限位置即可,加注完油脂后需在油泵油箱上画线标记,标明此次油脂加注后的油位刻度及加注日期。

(3)若油脂消耗量太少,则必须检查整个系统,查明原因并进行处理,同时对主轴轴承进行手动注油,注油量为2000g。

注意:

(1)必须从润滑油泵底部的注油口处加注油脂(图1.14),严禁打开上部盖子注油!

(2)日常检查时若发现油位接近或低于下限位置,必须将油脂补加至缸体上所标注的上限位置,同时在加注油脂前后都要标记油位刻度和时间,并记录加注前油脂消耗的量。

图1.13　润滑控制板

打开此处确认是否带控制板

图1.14　润滑泵加油脂

使用注油枪从此处加注润滑油脂

◆ 3.3　主轴轴承各处连接螺栓力矩检查

◆ 3.3.1　主轴轴承端盖连接螺栓力矩检查

(1)使用合适的力矩扳手按规定检查主轴轴承端盖连接螺栓(图1.15)。

图1.15　轴承端盖螺栓力矩检查

（2）螺栓紧固力矩确定后，应全面检查其是否达到紧固要求。

（3）如果螺栓有松动，用合适的扳手进行紧固后再次校验，直到符合要求。

（4）螺栓力矩检验合格后，用记号笔做好防松标识，方便后期观察。

（5）检验过程中发现断裂、生锈的螺栓及时进行更换。

（6）观察主轴轴承座排油口是否有油脂流出（图1.16），若旧油脂排出困难，则用小螺丝刀疏通排油口。

图1.16　主轴轴承座排油口检查

注意：若发现废油脂泄油口堵头（图1.15中圆圈处）还保留在端盖上，则立即取掉！

◆　3.3.2　轴承座与机架的连接螺栓力矩检查

轴承座与机架的连接螺栓力矩检查如图1.17所示。

图1.17　轴承座与机架的连接螺栓力矩检查

（1）使用合适的液压力矩扳手按规定检查轴承座与机架连接螺栓。

（2）螺栓紧固力矩确定后，应全面检查其是否达到紧固要求。

（3）如果螺栓有松动，用合适的液压力矩扳手进行紧固后再次校验，直到符合要求。

（4）螺栓力矩检验合格后，用记号笔做好防松标识，方便后期观察。

（5）检验过程中发现断裂、生锈的螺栓及时进行更换。

◆　3.4　检查主轴处防雷装置

主轴处防雷装置如图1.18所示。

图1.18　主轴处防雷装置

（1）外观检查防雷碳刷长度和气隙（图1.19），碳刷最小长度为20mm，气隙距离为1mm，如小于最小长度则更换碳刷。

（2）检查防雷碳刷接触面和弹力，检查碳刷支架在机架上的紧固情况，确保安装牢固。

（3）如有必要，使用无水乙醇清除接触面油污。

◆　3.5　清空油脂集收盘

外观检查有无油脂溢出（图1.20），清理主轴轴承处溢出油脂和集收盘中的油脂（图1.21）。

图1.19 外观检查防雷碳刷

油脂从密封圈处大量溢出,将溢出油脂和集油盘、集油盒内油脂一并清理干净

图1.20 油脂溢出

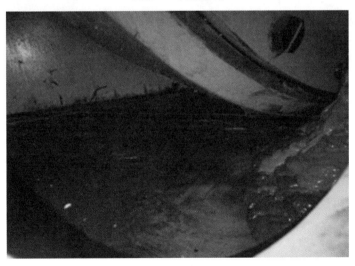

图1.21 油脂清理

◆ **3.6 主轴锁紧螺母及锁紧装置检查校验力矩**

检查主轴锁紧螺母及锁紧装置,如有松动,则进行紧固,同时做好标识线并标注日期,检

查完毕后应将罩壳恢复原位,安装牢固。

具体操作如下:

(1)打开罩壳,如图1.22所示。

(2)检查标示线是否发生移动,如图1.23所示。

(3)用千斤顶紧固锁紧螺母,如图1.24所示。

(4)用内六角扳手紧固锁紧装置,如图1.25所示。

(5)恢复罩壳安装。

图1.22　打开罩壳

图1.23　检查标示线

图1.24　紧固锁紧螺母

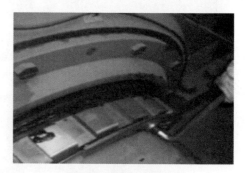

图1.25　紧固锁紧装置

第三部分　学以致用

问题1. 简述紧固主轴锁紧套的操作步骤。

问题2. 如何检查主轴处防雷装置?

问题3. 简述主轴润滑油泵加注润滑油脂的过程。

参考资料

[1]东方电气1.5MW风电机组主轴轴承全生命周期运行维护指导书.

任务2 齿轮箱定期维护

◆ 1 任务目标

(1)熟悉齿轮箱定期维护的内容。

(2)掌握每项内容的工作方法及使用的专业工具。

◆ 2 任务说明

齿轮箱定期维护是传动系统定期维护最重要的组成部分,齿轮箱定期维护可减少齿轮箱中齿轮、轴承等的磨损,降低齿轮箱的能耗和摩擦热,降低油温,从而减少齿轮箱故障,延长密封件及齿轮箱的使用寿命。定期维护完成后,各项指标须达到齿轮箱定期维护的标准。如不定期维护齿轮箱,会导致齿轮箱油散热片堵塞,在大风天报齿轮油温度高的故障;另外齿轮箱长时间不定期维护,会导致箱体内杂质增多,齿轮、轴承及密封件摩擦力增大,出现齿轮卡齿或者断齿,导致齿轮箱损坏。

◆ 3 工作场景

齿轮箱定期维护工作场景如图2.1所示。

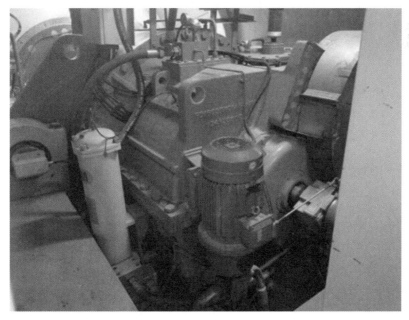

图2.1 齿轮箱定期维护工作场景

第一部分　格物致知

★★★　通过本部分学习应该掌握以下知识：
(1)齿轮箱的作用。
(2)齿轮箱的结构。
(3)齿轮箱主要零部件的功能。

◆ 1　齿轮箱的作用

风力发电机组齿轮箱对于非直驱式水平轴机组是必不可少的机械部件。其主要功能是将风轮在风力作用下所产生的动力传递给发电机,并使其得到相应的转速。电能由高速旋转的发电机产生。由于并网型风力发电机组启停较为频繁,叶轮本身转动惯量又很大,风力发电机组的风轮转速一般都设计在每分钟几十转,机组容量越大,叶轮直径越长,转速相对就越低,远远达不到发电机发电所要求的转速,必须通过齿轮箱的增速作用来实现,故又称齿轮箱为增速箱。

◆ 2　齿轮箱的结构

齿轮箱的结构主要冷却系统、接线盒和压缩环等,如图2.2所示。齿轮箱内部齿轮系由齿轮箱轴、齿轮、轴承组成,如图2.3所示。

图2.2　齿轮箱结构示意图

1.冷却系统；2.接线盒；3.压缩环；4.油管；5.机械泵；6.电机；7.泵滤芯；8.温控阀

图2.3　齿轮箱内部结构

1.齿轮箱轴；2.齿轮；3.轴承

◆ 3　齿轮箱及其要零部件的功能

齿轮箱是风力发电机组的重要部件,箱体的设计应该按照风力发电机组动力传动的布局安排、加工和装配条件、便于检查和维护等要求来进行。应注意轴承支承和机座支承的不同方向的反作用力及其相对值,选取合适的支撑结构和壁厚,增设必要的加强肋。加强肋的位置必须与引起箱体变形的作用力的方向一致。

◆ 3.1　齿轮箱箱体

齿轮箱箱体承受来自风轮的作用力和齿轮传动时产生的反作用力。箱体必须有足够的刚性去承受力和力矩的作用,防止变形,保证传动质量。齿轮箱箱体如图2.4所示。

◆ 3.2　密封装置

◆ 3.2.1　密封装置

齿轮箱应具有良好的密封性,不应有渗、漏油现象,并能避免水分、尘埃及其他杂质进入箱体内部。常用的密封形式分为非接触式密封和接触式密封两种。

◆ 3.2.2　润滑系统

风力发电机齿轮箱的润滑(图2.5)是齿轮箱持续稳定运行的保证,为此,必须高度重视齿轮箱的润滑问题,严格按照规范保持润滑系统长期处于最佳状态。润滑系统具有对齿轮箱内的运动部件进行强制润滑,对润滑油液进行过滤和冷却的作用。

图2.4 齿轮箱箱体

图2.5 齿轮箱润滑系统实物图

齿轮箱润滑系统一般由机械泵、电动泵、过滤器、温控阀、风冷器(或水冷器)等组成,如图2.6所示。

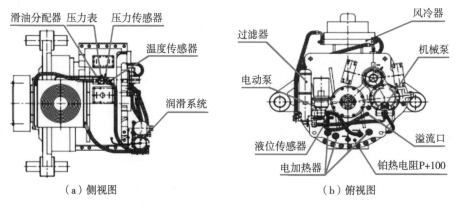

（a）侧视图　　　　　　　　　　　（b）俯视图

图2.6 齿轮箱润滑系统示意图

机械泵、电动泵联合向系统供油,润滑油经过滤器过滤后到温控阀,该温控阀根据润滑油的温度自动控制润滑油的流向。当油温低于55℃时,润滑油直接进入齿轮箱;当油温高于60℃时,温控阀开始动作,润滑油经风冷器(或水冷器)冷却后再进入齿轮箱。在齿轮箱的入口和油泵的出口均安装压力传感器,用于检测润滑油的压力。

过滤器为双精度过滤,当温度高于10℃时,油液能够被高精度滤芯(7μm或10μm)过滤;当温度低于10℃时,由于黏度较低,能够部分或全部被一个精度较低的滤芯(25μm或50μm)过滤。无论何种情况,未经过滤的油液决不允许进入齿轮箱内各润滑部位。在过滤器上装有压差发讯器,当滤芯堵塞、压力差达到3.5bar时,压差发讯器发讯,提示更换滤芯。

【小贴士】

　　2021年10月18—20日,北京国际风能大会(CWP2021)在北京盛大召开,这次风能大会以"碳中和——风电发展的新机遇"为主题,来自全球600余家企业参展,众多风电领域企业、行业专家共聚一堂,共话风电未来发展。随着行业技术不断进步,大兆瓦级机型推陈出新,智能化水平加速提升,风电度电成本稳步下降,在助力"双碳"目标的道路上,风电的竞争力进一步凸显。时代召唤,市场风云变化,各大齿轮箱厂商始终立足于风电后市场,不断修炼"内功",以更高、更强的技术标准应对市场的要求。这次大会,有齿轮箱厂商展出了针对齿轮箱部分故障,采用空中维修、可替换齿轮箱模型等最新的风电齿轮箱维修技术,力求缩短维修时间,减少业主损失。

第二部分　知行合一

★★★　通过本部分学习应该掌握以下技能:

(1)能够使用合适的工器具对齿轮箱各处的力矩进行校验,误差不超过±5%。

(2)能够使用高压气泵清洗齿轮箱油冷散热片。

(3)能够使用合适的工具检查测量转速的传感器距离是否为2~3mm,如不在范围内,使用扳手进行调整。

(4)能够使用合适的工具和容器,按照标准规范采取齿轮箱润滑油油样,送至第三方检测,若检测结果不合格,则需要更换润滑油。

(5)能够使用工具检查滤芯并进行维护,若滤芯堵塞严重需更换滤芯。

◆　1　安全规定

(1)在维护齿轮箱之前,必须使机组安全停机,并确保不会因为误操作而启动(确保刹车可靠和风轮锁紧)!

(2)齿轮箱附带的标识,如铭牌、旋转方向、油标等一些需要经常查看的标识,必须保持清洁。

(3)其他带有腐蚀性、不易分解、有毒的耗材在更换后必须妥善处理。

(4)防腐剂和旧油应分开储藏。

(5)进行相关工作时,由于齿轮箱的表面经常被加热,确保不会被烫伤。

(6)一些小的杂质(如灰尘、沙子等)有可能进到齿轮箱的透盖里,被高速旋转的齿轮箱甩出,务必确保工作人员的眼睛受到良好的保护。

(7)当开启观察孔盖时,务必确保不能有任何东西进入齿轮箱,以免造成齿轮箱的损坏,推荐使用内窥镜进行内部检查!

◆ 2 工具及耗材

齿轮箱定期维护所需工具及耗材见表2.1。

表2.1 齿轮箱定期维护所需工具及耗材

序号	工具/耗材	型号/规格	数量
1	液压泵	不限	1台
2	液压扳手	三型	1台
3	油管	10m	1根
4	一字螺丝刀	6×200mm	1把
5	一字螺丝刀	3×100mm	1把
6	套筒扳手	1/4	1把
7	套筒	8mm加长	1件
8	开口扳手	13mm	2把
9	活动扳手	8寸	1把
10	水泵	220V/1800W	1台
11	50L水桶		2个
12	塑料薄膜	2m×2m	2张
13	3米软水管	320mm²	1根
14	塞尺		1组
15	开口扳手		1把
16	抹布		若干
17	取油瓶		若干
18	M5内六角扳手		1套
19	小螺丝刀		1把
20	超声波清洗机		1台
21	毛刷		若干
22	齿轮油滤芯		若干
23	齿轮箱润滑油		若干

◆ 3 操作步骤

◆ 3.1 停机维护

(1)按下主控柜上的停机按钮,等待风机切换至停机状态。

(2)旋转主控柜上的维护钥匙至维护模式,等待并网指示灯熄灭,网侧断路器断开后方可登机操作。主控柜停机按钮及维护钥匙如图2.7所示。

◆ 3.2　齿轮箱各处力矩校验

◆ 3.2.1　主轴与齿轮箱连接螺栓力矩检查

使用合适的液压力矩扳手按规定要求检查主轴与齿轮箱连接螺栓(图2.8)。检查力矩值,按铭牌标记上的力矩执行,每次检查需全检。

图2.7　主控柜停机按钮及维护钥匙

铭牌标记

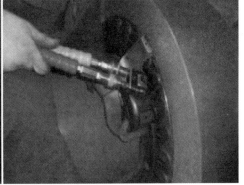

图2.8　主轴与齿轮箱连接螺栓力矩检查

◆ 3.2.2　机架与齿轮箱弹性支撑连接螺栓力矩检查

使用合适的液压力矩扳手按规定检查机架与齿轮箱弹性支撑连接螺栓(图2.9),力矩为2320N·m,套筒为55hh。

图2.9　机架与齿轮箱弹性支撑连接螺栓力矩检查

◆ 3.3.3　检查齿轮箱箱体螺栓力矩

目测检查齿轮箱箱体螺栓的标记线是否松动,厂家对该部位螺栓涂抹了螺纹紧固剂,若发现松动,须对螺纹部分清理后重新紧固,并使用密封胶进行胶封处理。若没有标记线,须画线标记(图2.10)。

图2.10 齿轮箱箱体螺栓力矩检查

应对中分面及齿圈螺栓定期进行力矩(8.8级)预紧检查,见表2.2。

表2.2 螺栓力矩

螺纹大小	拧紧力 F_V/kN			拧紧扭矩 T_A/(N·m)		
	8.8	10.9	12.9	8.8	10.9	12.9
M10	26.6	37.3	44.8	45.1	62.8	75.5
M12	38.7	54.4	65.4	78.5	108	132
M14	53.0	74.6	89.6	123	177	211
M16	73.6	103	124	191	270	324
M18	88.8	125	150	265	383	446
M20	115	161	193	378	530	638
M22	142	201	240	500	706	853
M24	166	232	279	647	912	1079
M27	217	305	367	961	1373	1619
M30	264	372	445	1324	1815	2207
M36	387	542	651	2315	3247	3904
M42	532	748	897	3708	5209	6259
M48	699	986	1182	5592	7868	9447
M52	839	1182	1417	7190	10100	12110
M56	968	1363	1633	8966	12600	1510
M60	1133	1589	1908	11130	15640	18780
M64	1280	1800	2158	13390	18830	22560
M68	1466	2060	2472	16180	22750	27270

◆ 3.3　高压气泵清洗齿轮箱油冷散热片

（1）将机组打至服务模式，并按下急停按钮（图2.11），并断开油冷散热风扇电源空开Q4.6。

（2）用一字螺丝刀6×200mm拆下与风冷却器导风圈相连的导风管路（图2.12），在拆卸的过程中防止破坏导风管路罩壳。

图2.11　机组急停按钮

图2.12　导风管路

（3）卸下风冷却器电机接线盒的电气接线，将6角长套筒8mm与套筒扳手手柄1/4组合安装后拆卸接线盒盖与相线，用一字螺丝刀3×100mm拆卸加热带接线，十字螺丝刀6×200mm拆卸地线，电源线连接的相应位置（将拆下的线路做好标记，以免线序错乱），如图2.13所示。

（4）拆卸散热片与导风罩所有连接螺栓（图2.14）。

（5）用塑料薄膜将油冷散热器下端包住，以托住污水并将污水用水管排入水桶中，如图2.15所示。

（6）将散热器导风罩移至发电机侧露出散热器，并用水枪冲洗散热器（冲洗水中不要添加清洗剂，以免散热器被清洗剂腐蚀），然后将导风罩移至轮毂侧，冲洗散热器的另一半，如图2.16所示。

（7）清洗完毕后固定好导风罩螺栓，恢复散热风扇电机接线和导风罩。

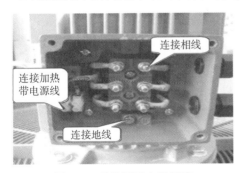

图2.13　散热风扇电机线路

图2.14　散热器与导风罩螺栓

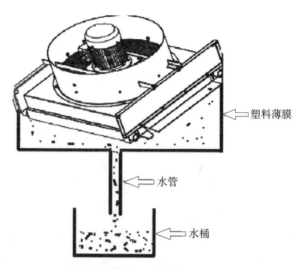

图 2.15　盛接污水

图 2.16　水泵清洗散热器

（8）检查线路无异常后,合上油冷散热风扇电源空开 Q4.6,通过控制面板启动油冷散热风扇电机,检测散热器清洗效果(正常情况下散热风扇的风力应能吸住线手套),如图 2.17 所示。

（9)清洗效果检验合格后,收拾工具,清理机组卫生,油冷风扇散热片清洗工作完成。

图 2.17　检测清洗效果

◆ 3.4 检查转速传感器情况

检查转速传感器接头是否松动,安装是否牢固,检查测速盘是否变形,图2.18为测速盘变形情况,若有变形则应及时处理。

用塞尺测量转速的传感器距离是否为2~3mm,如不在范围内,使用扳手进行调整(图2.19)。

图2.18 测速盘变形　　　　　　　　图2.19 转速传感器距离测量图

◆ 3.5 齿轮箱润滑油取样

定期对齿轮箱润滑油进行化验,根据润滑油内的金属成分构成,可以判断各齿轮的运行损伤情况,这是齿轮箱定期维护常用的一种检测办法。其操作步骤如下。

风机至少运行1/2h以上,停止运转后30min内完成取样。

启动齿轮箱润滑油泵进行手动打压,在齿轮箱过滤器排气孔处取样,如图2.20所示。

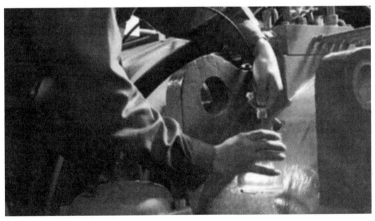

图2.20 齿轮箱放油

拧下过滤器排气管与齿轮箱连接头,从管口先放油500mL至废油瓶,紧接着再换用取样瓶进行取样,油液达到取样瓶容量的70%~75%为宜。取样过程中,注意使排气管接头呈竖直姿态进行放油,避免排气管接头的外部螺帽接触接头的中间管口以及放出的油样,避免排气管接头接触取样瓶内壁,勿将排气管接头浸入油样中,注意防止手上及环境中的灰尘、杂物掉入取样瓶中,以保证取样瓶及油样不受污染和干扰(图2.21)。此外,须保证取样瓶的瓶盖旋开后放置在合适的位置(将瓶盖口朝下,用手指夹住瓶盖外表面,直接悬空拿在手中的方式),始终保持瓶盖干净不受污染。

图2.21 齿轮箱取油

取样完成后需将过滤器排气管与齿轮箱的连接接头旋回、拧紧,并停止手动打压。在取样前先将标签填写完整,取样瓶封闭后立即粘贴标签,并最终放入塑封袋中,封好袋口,防止标签掉落。取样过程中及取样后保持油样清洁。

润滑油品牌型号以风场实际为准,对油质进行化验分析后,若发现异常,根据检验结果决定是否进行过滤、更换,由专业人员出具方案。若决定换油,按齿轮箱铭牌要求油量进行更换。

◆ 3.6　更换、清洗齿轮箱滤芯

在过滤器上装有压差发讯器,当滤芯堵塞,压力差达到3.5bar时,压差发讯器发讯,提示更换滤芯。每年或在压差传感器发出滤芯堵塞报警信号后10天内更换滤芯。

滤芯的更换需严格按照齿轮箱滤芯更换方案实施,保证正确拆装以及滤芯清洁。

◆ 3.6.1　滤芯更换

滤芯更换方法如下:

主齿轮箱更换滤芯时必须确认供油装置处于停机状态,过滤器必须卸压(压力表显示0bar状态)。可以通过拧松滤筒底部的排油螺塞卸压(工作时必须拧紧)。

(1)关闭润滑系统。

(2)打开过滤器底部放油阀,将滤筒内脏油放置在废油收集桶内,关闭放油阀。

(3)打开过滤器顶盖,人工拉出带有污染物支架的滤芯,小心油热(PALL滤芯分为两级,先取出Ⅱ级滤芯,然后再向上取出Ⅰ级滤芯),步骤如图2.22所示。

| （a）旋开顶盖 | （b）取下顶盖 | （c）取出Ⅱ级滤芯 | （d）取出Ⅰ级滤芯 |

图2.22　齿轮箱滤芯更换图

(4)检查过滤器表面和油箱中是否有碎片及类似物,如有大颗粒预示着齿轮箱零件可能出现了问题。

(5)如果需要的话,清洗过滤器油箱、支架和顶盖。

(6)检查密封圈,如果需要,进行更换。

(7)把新的滤芯小心安装到支架上,把带有新滤芯的支架小心安装到过滤器支撑轴上,确保新滤芯与旧滤芯是一致的。

(8)合盖。

(9)在打开油泵前,将连接滤油器及齿轮箱的排气管,在齿轮箱处拧下,开泵,等滤油器内空气排完,当有油流出后,再拧上,拧到螺纹底部后,再退两圈,即让该通风管处于不导通的状态。防止正常运行时未过滤的油直接进入齿轮箱,污染油质。

第三部分　学以致用

问题1.简述齿轮箱油滤芯的更换过程。

问题2.简述如何使用高压气泵清洗齿轮箱油冷散热片。

问题3.简述如何按照标准规范取齿轮箱润滑油油样。

参考资料

[1]1.5MW风力发电机组主齿轮箱全寿命周期运行维护指导书.

[2]GW-06FW.1263_东汽FD1500风机机械维护手册.

[3]东汽1.5MW机组油冷风扇散热片清洗作业指导书.

任务3 联轴器定期维护

◆ 1 任务目标

(1)熟悉联轴器定期维护的内容。

(2)掌握每项内容的工作方法及使用的专业工具。

◆ 2 任务说明

联轴器定期维护是传动系统定期维护的重要组成部分。在规定的时间内对联轴器实施定期维护，可以预防并提前发现联轴器缺陷，及时处理，防止事故的发生。联轴器定期维护完成后，各项指标须达到联轴器定期维护的标准。如不定期维护联轴器，会导致联轴器螺栓松动无法及时发现，联轴器在高速转动情况下，固定螺栓飞出，导致设备损伤。若联轴器发生位移，齿轮箱出力降低，进一步导致机组功率降低。

◆ 3 工作场景

联轴器定期维护工作场景联轴器螺栓紧固如图3.1所示。

图3.1 联轴器定期维护工作场景联轴器螺栓紧固

第一部分　格物致知

★★★　通过本部分学习应该掌握以下知识：

(1)联轴器的作用。

(2)联轴器的结构。

(3)联轴器主要零部件的功能。

◆ 1　联轴器的作用

联轴器把不同部件的两根轴连接起来,使用柔性轴可以补偿齿轮箱输出轴和发电机转子的平行性偏差和角度误差,同时也降低传动链中的交变载荷对发电机系统的影响,图3.2为柔性联轴器安装位置。

联轴器一般中间体采用玻璃钢,两侧有弹性元件,采用涨紧套或键与增速机和发电机轴连接。靠增速机侧设有制动盘,靠发电机侧设有打滑机构。

由于齿轮箱高速轴与发电机输入轴安装时,不可能调到完全对心,联轴器允许两轴有微小偏心而不会产生较大振动和噪声,其次联轴器还具转矩过载保护和绝缘抱回的功能。

风力发电机组采用柔性联轴器,安装在齿轮箱输出轴与发电机输入轴之间,除传递扭矩外,柔性联轴器还可以吸收水平方向及垂直方向的振动,并且有良好的纠偏功能,并能确保主动端设备和被动端设备之间的电绝缘。

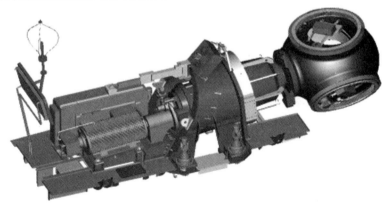

图3.2　柔性联轴器安装位置

◆ 2　联轴器的组成

联轴器主要包括3个部分:齿轮箱侧组件、中间体和发电机侧组件,如图3.3所示。

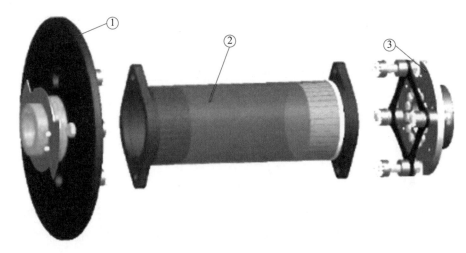

图 3.3　柔性联轴器主要结构图

1. 齿轮箱侧组件；2. 中间体；3. 发电机侧组件

联轴器的主要参数见表 3.1。

表 3.1　联轴器主要参数

主要参数	取值
运行速度	1000~2000r/min
额定速度	1810r/min
最大速度,短时	2100r/min
电阻	≥10MΩ 1000V 直流
耐电压性	≥2kV
额定功率下的转矩(1500kW,1810r/min)	8300N·m
运行中的最大转矩(1700kW,1864r/min)	9150N·m
传递的最小的转矩	1200N·m
最大连续的轴向偏移	≥±7mm
最短时间的轴向偏移	≥±15mm
最短时间的轴向力	5000N
最大连续轴向力	5000N
最大连续径向偏移	≥5mm
最短时间径向偏移	≥10mm
最大连续角位移	≥0.5°
最短时间角位移	≥1.0°
联轴器的平衡性能	G6.3 T0[8]

主要参数	取值
制动器的平衡性能	G6.3 T0[8]

联轴器必须有大于等于100M的阻抗,并且能承受2kV的电压。这可防止继生电流通过联轴器从发电机转子流向齿轮轴/齿轮箱,这会给齿轮箱带来极大的危害。

◆ **2.1 齿轮箱侧组件**

齿轮箱侧组件包括齿轮箱侧涨紧轴套、制动盘、膜片三部分,主要完成齿轮箱机械能输入端的连接和固定,靠拧紧高强度螺栓使包容面间产生的压力和摩擦力实现负载传送的一种无键联结装置。其结构示意图如图3.4所示。

◆ **2.1.1 齿轮箱侧涨紧套**

齿轮箱侧涨紧套结构由内环、外环和螺栓三部分组成,内环与外环的接触表面为锥面。拧动螺栓组,在螺栓拉伸力的作用下内环沿接触面移动发生挤压,在一定挤压力的作用下内环沿接触面移动发生挤压,在一定挤压力的范围内,涨紧套、轴套都是弹性体,内环在挤压力作用下其内径变形缩小,并进一步在轴套表面发生挤压,轴套挤压后再进一步挤压并抱紧轴承(图3.5)。

◆ **2.1.2 制动盘**

制动盘(图3.6)与联轴器的中间体固定连接,连接在齿轮箱一侧,主要利用刹车钳与制动盘的摩擦力实现高速刹车。

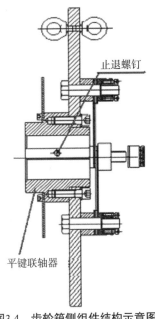

止退螺钉

平键联轴器

图3.4 齿轮箱侧组件结构示意图

图3.5 齿轮箱侧涨紧轴套安装

图3.6 制动盘

2.1.3 膜片

膜片安装在中间体的两端,分别在制动盘与中间体的连接处、齿轮箱与中间体的连接处,如图3.7所示。膜片联轴器靠膜片的弹性变形来补偿所联两轴的相对位移,是一种高性能的金属强元件挠性联轴器,不用润滑油,结构较紧凑,强度高,使用寿命长,无旋转间隙,不受温度和油污影响,具有耐酸、耐碱、防腐蚀的特点,适用于高温、高速、有腐蚀介质工况环境的轴系传动。

2.2 中间体

中间体两端分别与发电机侧收缩盘、增速箱侧收缩盘用螺栓固定连接。高强度玻璃纤维中间体,其重量轻,机舱内设备的减重意义重大,且安装拆卸均很轻便,刚度适中,可减小传动系统的振动。

大型风力发电机组在运行过程中电机短路以及低电压穿越会导致瞬间载荷过大,为减少瞬间冲击扭矩对传动系统的损伤,高速轴联轴器的中间体中设置了具有过载保护功能的机械式扭矩限制器(图3.8),具有过载保护的功能,可有效地切断低电压穿越,电机短路时产生的极大的扭矩,减少对传动系统的损伤。

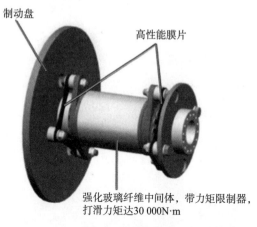

图3.7 膜片位置图

3.8 带力矩限制器的中间体

2.3 发电机侧组件

2.3.1 发电机侧涨紧轴套

发电机侧涨紧套结构由内环、外环和螺栓三部分组成,内环与外环的接触表面为锥面。

发电机侧涨紧套是让传扭结构在正常传递外载荷时既不发生相对运行,同时又能保证各连接件在装配力的作用下不造成损坏。

◆ 2.3.2　测速盘

测速盘(图3.9)主要连接在联轴器的两侧,通过光电接近开关测试联轴器两侧的转速,检测联轴器承受的扭矩力。

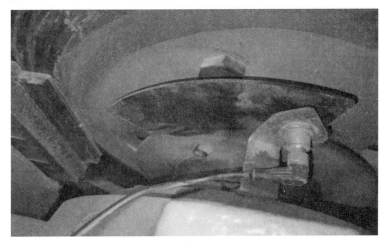

图3.9　联轴器测速盘的位置

【小贴士】

2020年7月29日,"《风力发电机组高速联轴器技术规范》能源行业标准启动会"在呼和浩特召开。风电行业高质量发展离不开标准的支持,而联轴器标准是风电标准体系的重要组成部分。这次会议的目的是将该标准做成一个高质量的标准,以标准化建设助推行业高质量发展。标准制定工作组围绕《风力发电机组高速联轴器技术规范》行业标准制定的目的和意义、标准编制原则等方面进行了详细介绍,与会专家对标准名称、范围、主要内容进行了讨论并提出了具体修改意见。此次会议的召开标志着《风力发电机组 高速联轴器技术规范》能源行业标准的编写工作正式启动,该标准的制定填补了现有标准体系的空白,对产业发展起到一定的促进作用。

第二部分　知行合一

★★★　通过本部分学习应该掌握以下技能:

(1)能够使用强光电筒检查出联轴器中间体裂纹、白化等缺陷。

(2)能够使用力矩扳手校验连接螺栓力矩值,力矩误差不得超过±5%。

(3)能够通过目测膜片开裂、变形等缺陷。

◆ 1 安全规定

(1)在维护联轴器之前,必须使机组安全停机,并确保不会因为误操作而启动(确保刹车可靠和风轮锁紧)!

(2)应采取措施确保动力设备不会被无意识启动,如在电源开关处设置安全提示标志或取下电源开关的保险丝等。

(3)在操作过程中不能触碰联轴器的转动部件。

(4)为了防止人员无意识触碰联轴器,可安装防护罩等装置。

◆ 2 工具及耗材清单

联轴器定期维护所需工具及耗材见表3.2。

表3.2 联轴器定期维护所需工具及耗材

序号	工具/耗材	型号/规格	数量
1	卷尺		1个
2	强光电筒		1个
3	抹布		若干
4	力矩扳手	110~500N·m	1套
5	30mm套筒		1套
6	24mm套筒		1套
7	36mm套筒		1套
8	内六角扳手		1套
9	开口扳手		1把
10	小螺丝刀		1把

◆ 3 操作步骤

◆ 3.1 停机维护

(1)按下主控柜上面的停机按钮,等待风机切换至停机状态。

(2)旋转主控柜上面的维护钥匙至维护模式,等待并网指示灯熄灭,网侧断路器断开后方可登机操作(图3.10)。

◆ 3.2 联轴器中间体检查

(1)用强光电筒外观检查联轴器中间体(图3.11)是否有裂纹、白化等,圆盘是否有变形或裂纹,如有,立即进行更换。

图3.10 主控柜停机按钮及维护钥匙

图3.11 联轴器中间体

（2）检查联轴器表面清洁度，如有污染物，用无纤维抹布和清洗剂清理干净（图3.12）。

图3.12 清洁联轴器中间体

3.3 校验连接螺栓力矩值

用力矩扳手校验连接螺栓力矩值，力矩误差不得超过±5%。

3.3.1 齿轮箱侧组件力矩校验

（1）按规定要求检查联轴器前后端锁紧螺母处的胀紧螺栓力矩，力矩为40N·m，套筒型号为6hs（图3.13）。

（2）按规定要求检查联轴器刹车盘连接螺栓力矩（图3.14），力矩520N·m，套筒型号为17hs。

（3）按规定要求每半年检查高速刹车盘止退螺栓力矩（图3.15），止退螺栓规格为M16×50，力矩80N·m，套筒型号为24hh，维护时必须仔细认真检查每一颗螺栓的力矩，弹簧片是否断裂。

图3.13 胀紧螺栓力矩检查

图3.14 刹车盘连接螺栓检查

图3.15 止退螺栓力矩检查

◆ 3.3.2 发电机侧组件力矩校验

发电机锁紧轴套上螺栓力矩检查(图3.16):使用凹方头扭力扳手和梅花型交换头按规定要求检查发电机锁紧轴套上的螺栓力矩。胀紧轴套上螺栓规格为14-M20×65,力矩为470N·m,套筒型号为30hh,胀紧螺套筒型号为栓10-M8×30,力矩为30N·m,扳手6hs。

◆ 3.3.3 扭矩限制器连接螺栓力矩值校验

目视检查联轴器力矩限制器螺栓标记线是否位移(图3.17)。

注意:联轴器力矩限制器螺钉用于标定打滑力矩,每套均不一致,不用紧固,仅外观检查标记线是否移动,若移动,则更换联轴器!

图3.16 发电机锁紧轴套上螺栓力矩检查

图3.17 联轴器力矩限制器螺栓校验

◆ 3.4 检查联轴器膜片是否有变形或裂纹

外观检查联轴器膜片是否有变形或裂纹,如有,则立即进行更换,必须更换全部弹性膜片,同时必须检查相应的法兰并确保没有损坏(图3.18)。

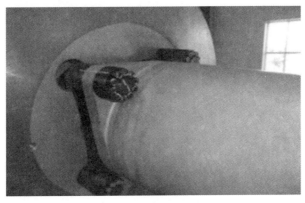

图3.18 联轴器膜片检查

第三部分 学以致用

1.联轴器齿轮箱侧哪些组件需要力矩校验? 力矩校验的标准是什么?

2.联轴器发电机侧哪些组件需要力矩校验? 力矩校验的标准是什么?

3.如何检查联轴器中间体是否有裂纹、白化?

参考文献

[1]GW-99FW.0325_东汽FD1500机组表工联轴器安装更换作业指导书.

项目八　塔架系统定期维护

目　录

塔架系统是风机主机的支撑,是整个风力发电机组运行的基础,包括塔架本体、维护平台、爬梯和照明、动力电缆等结构。塔架自下而上分为四至六段,每段都有塔筒平台,可用作维修塔筒连接螺栓或休息,每段都有照明系统和塔筒爬梯,维护人员可以通过梯子到达机舱。

塔架系统定期维护是按照机组定期维护指导书要求的技术规范,在规定的时间内对塔架系统实施的预防性维护。通过定期维护,可以发现塔架系统各部分缺陷,并及时进行维护,以减少突发故障,同时达到打扫塔架系统卫生的目的。塔架系统首次维护在风机动态调试且正常运行500h后进行,以后每6个月检查一次。定期维护工作必须由专业风电公司人员或接受过风电公司培训并得到认可的人员完成。

在进行塔架系统定期维护工作时,必须按照机组定期维护指导书要求的技术规范,根据塔架系统上的每项内容严格进行检修和记录。

定期维护人员必须掌握的技能有:

(1)能够对塔架本体进行定期维护。

(2)能够对塔架连接法兰进行定期维护。

(3)能够对塔架爬梯和照明进行定期维护。

(4)能够对塔架电缆进行定期维护。

任务1 塔架本体定期维护

◆ 1 任务目标

(1)熟悉塔架本体定期维护的内容。
(2)掌握每项内容的工作方法及使用的专业工具。

◆ 2 任务说明

塔架本体是塔架系统重要的组成部分,是风力发电设备中需要防护的重点,维护人员通过对塔架本体进行定期维护,及时发现塔架本体漆面存在的缺陷、本体焊缝裂纹存在隐患并及时进行处理。定期维护完成后,各项指标须达到塔架本体定期维护的标准。如果对塔架本体漆面缺陷不及时处理,会造成塔架本体腐蚀生锈,严重影响塔架的稳定性和承重能力;如果对焊缝裂纹隐患不能及时发现并处理,雨水会渗进风机内部,造成塔架本体、法兰连接螺栓腐蚀,情节严重会使风机倒塔。

◆ 3 工作场景

塔架系统定期维护工作场景如图1.1所示。

图1.1 塔架系统定期维护工作场景

第一部分 格物致知

★★★ 通过本部分学习你应该掌握以下知识:
(1)了解塔架本体的功能和结构。
(2)掌握塔架本体主要零部件的功能。

◆ 1 塔架的功能

塔架是风力发电机组重要组成部分,其作用主要有以下几方面:
(1)支撑机舱和叶轮,为叶轮提供必需的高度,以利用该高度处的风资源。
(2)为维护人员进入机组提供通道。
(3)为输电系统组件和设备提供安装空间。

◆ 2 塔架结构

◆ 2.1 塔架本体

塔架内部附有机械内件和电器内件等辅助设备。风机塔架包括钢塔、混合式塔、分片式塔、桁架式塔等结构。目前市场上生产应用最多的是钢塔和混塔。

◆ 2.1.1 钢塔

圆锥筒型结构，一般分为3~4段，每段由多个节焊接组成，每一段通过法兰和螺栓连接。筒体采用高强度的低碳结构钢，通过滚压、焊接等工艺生产。塔筒壁从底部到顶部厚度逐渐减小，底段根据载荷在30~60mm不等，顶段壁厚在10mm以上。

钢塔（图1.2）安装迅速、维护便捷、造型美观和制造质量便于控制。不足之处是受运输条件限制较大，高度在100m后重量陡增。

◆ 2.1.2 混合式塔

混合式塔（图1.3）又称混塔，上部为钢制塔筒，下部为钢筋混凝土塔筒，混凝土部分可以实现现场浇筑或预制。相当于传统钢塔放到了一定高度的基础上，不需要复杂的控制策略，高度可达到100m以上。

混塔可本地化施工，降低运输成本，整体高度可达到100m以上，其抗冲击性和抗疲劳性能优越，可适用复杂地形，维护量很小。不足之处是施工周期较长。

图1.2　钢塔

图1.3　混合式塔

第二部分　知行合一

★★★　通过本部分学习应该掌握以下技能：

（1）能够目测检查出塔架本体漆面损伤、油污、起泡、脱落等缺陷。

（2）能够目测检查出塔架焊缝裂纹、防腐层破损等缺陷。

（3）能够按照机组定期维护指导书要求的技术规范,选用正确规格型号的工具和物料,完成塔架门轴校正、密封胶条更换以及百叶窗滤网清理等塔架门维护工作。

（4）能够按照机组定期维护指导书要求的技术规范,选用正确规格型号的工具、清洁剂等其他物料,完成塔架维护平台和相关附属部件的表面除尘清洁作业。

（5）能够更换和修复有质量缺陷的部件（电缆支架、紧固螺栓等）。

（6）能够目测检查出塔基基础开裂、渗水等明显缺陷,要求无遗漏。

◆　1　安全注意事项

（1）通过平台后或在平台作业时,及时关闭平台盖板。

（2）塔架门维护时防止夹伤。

（3）焊缝检查时,必须使用安全绳。

（4）更换塔架门防尘网时,必须佩戴手套,防止手指划伤。

◆　2　工具及耗材

塔架本体定期维护所需工具及耗材见表1.1。

表1.1　塔架本体定期维护所需工具及耗材

序号	工具/耗材	型号/规格	数量
1	望远镜	不限	2台
2	记号笔	不限	2支
3	鼓风机	不限	1台
4	清扫工具	不限	2
5	双开口扳手	13件套	1套

◆　3　操作步骤

◆　3.1　停机维护

（1）按下主控柜上面的停机按钮,等待风机切换至停机状态。

（2）旋转主控柜上面的维护钥匙至维护模式,等待并网指示灯熄灭,网侧断路器断开后方可登机操作。主控柜停机按钮及维护钥匙如图1.4所示。

图1.4　主控柜停机按钮及维护钥匙

◆ 3.2　塔架表面定期维护

(1)使用望远镜目测塔架内、外表面,查看是否有油污。

(2)使用望远镜观察漆面有无损伤、起泡、脱落。

(3)使用望远镜查看每段塔架间密封是否正常,有无锈迹。

◆ 3.3　塔架焊缝定期维护

(1)目测检查塔架中的焊缝(图1.5),如果在随机检查中发现焊接缺陷,则须使用记号笔作焊缝标记和记录,如果下次检查发现长度有变化,则必须进行焊补。

(2)目测检查塔架法兰和筒体之间过渡处的横向焊缝是否有开焊、锈蚀,使用记号笔作焊缝缺陷标记和记录,如果下次检查发现长度有变化,则必须进行焊补。

(3)目测检查门框和筒体之间过渡处的连续焊缝是否有开焊、锈蚀,使用记号笔作焊缝缺陷标记和记录,如果下次检查发现长度有变化,则必须进行焊补。

◆ 3.4　塔架门定期维护

◆ 3.4.1　塔架门结构

(1)目测检查外观(图1.6),查看结构有无变形、偏斜、损坏、锈蚀。若有,则记录在定期维护记录表中。

图1.5　塔架焊缝　　　　　　　　　　　图1.6　塔筒门

（2）开合测试,判断开合是否正常,判断塔架门轴是否需要校正。

（3）查看塔架门固定插销有无缺失、变形,是否可正常插入,保持塔架门位置稳定。

（4）检查塔架门密封是否完好,判断是否需要更换密封胶条。

◆ 3.4.2 塔架门门锁

（1）目测检查外观(图1.7),查看门锁是否完整。

（2）功能测试,判断门锁开合功能是否正常。

◆ 3.4.3 塔架门防尘网

防尘网如图1.8所示。

（1）目测检查是否损坏,如损坏进行更换。

（2）查看有无异物,进行手工清除。

（3）查看有无灰尘,可使用鼓风机进行清理或拍打除尘。

图1.7 塔架门锁维护

图1.8 防尘网

◆ 3.5 塔架平台定期维护

◆ 3.5.1 各层平台结构及栅格

栅格如图1.9所示。

（1）目测检查整体外观,有无损坏、偏斜、锈蚀。

（2）目测检查焊接支架焊缝,有无损伤。

（3）测试结构是否稳定、可靠。

◆ 3.5.2 各层平台升降机围栏

平台升降机围栏如图1.10所示。

（1）手触检查升降机围栏固定情况,结构稳定、可靠,无损坏、偏斜、锈蚀。

（2）手动开合测试围栏门,检查围栏门是否可完全关闭。

（3）手动测试挡块或插销,判断是否可锁定围栏门。

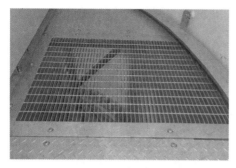

图1.9　平台栅格

图1.10　平台升降机围栏

◆　3.5　接地电缆

接地电缆如图1.11所示。

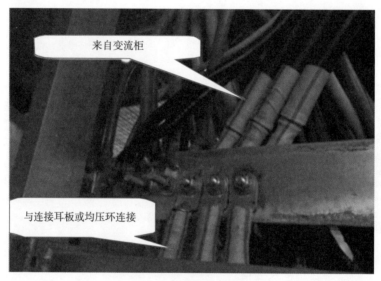

来自变流柜

与连接耳板或均压环连接

图1.11　接地电缆

(1)目测检查连接排及电缆外观有无磨损、烧灼。

(2)目测检查电缆头有无松动或烧灼。

(3)手触检查电缆支架是否牢固,紧固螺栓是否松动,如有,松动使用开口扳手进行紧固。

◆　3.6　塔基基础

塔基基础如图1.12所示。

(1)目测检查基础是否有沉降。

(2)目测检查基础环内、外侧表面有无掉漆、锈蚀、裂缝。

(3)目测检查基础环内、外防水层是否完整,有无漏光。

（4）目测检查基础环密封胶是否完整，有无开裂。

（5）目测检查基础环内有无积水情况。

（6）机组运行及启、停机时，目测检查基础环相对混凝土基础面的晃动情况。

（7）目测检查基础环与混凝土接触位置情况，有无水泥浆、水泥粉末等异物，防水层有无损坏。

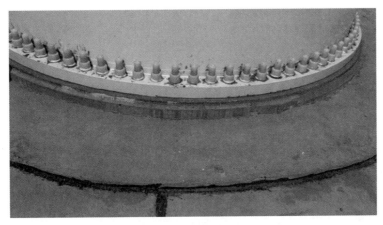

图1.12　塔基基础

第三部分　学以致用

问题1. 简述塔筒门维护安全注意事项。

问题2. 简述塔架门的作用和定期维护要求。

问题3. 发现塔架焊缝缺陷该做何处理？

任务2 连接法兰定期维护

◆ 1 任务目标

(1)熟悉连接法兰定期维护的内容。

(2)掌握每项内容的工作方法及使用的专业工具。

图2.1 连接法兰定期维护工作场景

◆ 2 任务说明

风力发电机组的塔架连接件简称连接法兰,是风力发电机组塔筒的关键连接件、支撑件和受力件。为了保证风机塔筒正常运行,必须定期对连接法兰做基础性维护,才能保证风力发电机组能够承受住瞬时载荷和暴风这些非常极端恶劣因素的考验。连接法兰必须达到定期维护作业指导书的要求,否则无法保证风力发电机组的正常运行,甚至出现风机倒塔的后果,严重影响机组的可靠性、稳定性。

◆ 3 工作场景

连接法兰定期维护工作场景如图2.1所示。

第一部分 格物致知

★★★ 通过本部分学习应该掌握以下知识:

(1)了解连接法兰的组成结构。

(2)熟悉塔筒连接法兰的功能。

◆ 1 塔架法兰结构

塔架法兰结构类型包括 T 型法兰、L 型法兰、反向平衡法兰。T 型法兰主要用于塔筒与基础环连接部位。L 型法兰是应用最多的一种法兰形式,其优点是可以在塔筒内进行安装维护。L 型法兰又分为单排孔和双排扣两种。反向平衡法兰可以大幅降低成本,因为塔筒直径越大,需要的法兰直径越大,厚度越厚,成本越高。

◆　2　塔架法兰的功能

法兰用于塔筒各段连接以及塔筒和塔基的连接,如图2.2所示。

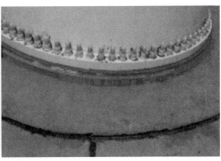

图2.2　塔架连接法兰

【小贴士】

在风电行业,活跃着一批这样的工匠,他们技艺高超,总保持着孜孜以求、精益求精的态度,为我国的风电发展贡献力量。匠人应该成为我们追求的专业精神。通过培养员工勤于思考、勇于探索的创新精神,激发他们吃苦耐劳、爱岗敬业的奉献精神,在整个风场有效形成超越自我、追求卓越的工作氛围。鼓励每一位员工做到坚守岗位,不断进取、努力专研,做一个有情怀、有信念、有态度的人,努力传承匠人匠心。所谓干一行、爱一行,专一行、精一行,精雕细刻,把工作做到极致,方能不忘初心,行稳致远。

第二部分　知行合一

★★★　通过本部分学习应该掌握以下技能:

(1)能够使用液压力矩扳手、液压螺栓拉伸器对塔筒连接螺栓力矩进行检查,力矩误差不得超过±5%。

(2)能够使用记号笔在力矩值已检查合格的螺栓上刻画防松标记,防松标记颜色一致,标记宽3~4mm,长15~20mm,在长度方向上无间断。

(3)能够按照高强螺栓维护要求,在螺栓、螺母和相应垫片、衬套的裸露部分涂抹防锈剂或防锈油,要求先除锈,再喷涂防锈剂或防锈油。

◆　1　安全注意事项

(1)防止从平台孔洞坠落。

(2)力矩校验时,防止液压力矩扳手夹手。

（3）上下风机搬运液压站时防止物体坠落。

（4）在孔洞附近校验力矩时，须穿安全衣，挂双钩。

（5）液压泵用电时，做好安全措施，防止人员触电。

（6）拆除液压泵油管时，注意泄压。

（7）在冷喷锌施工过程中，施工操作人员必须有工作服、手套、口罩、护目镜等劳动保护措施。

（8）在冷喷锌施工过程中，施工现场保持空气畅通。

◆ 2 工具及耗材

连接法兰定期维护所需工具及耗材见表2.1。

表2.1 连接法兰定期维护所需工具及耗材

序号	工具/耗材	规格/型号	数量
1	液压泵	不限	1个
2	液压力矩扳手	三型/四型/五型	1个
3	液压螺栓拉伸器	85mm	1个
4	棘轮扳手	不限	1个
5	油管	10m	1个
6	套筒	46mm	1个
7	套筒	65mm	1个
8	套筒	75mm	1个
9	套筒	85mm	1个
10	尼龙刷	不限	4个
11	毛刷	1寸	4个
12	插线板	线长10m	1个
13	记号笔	不限	4支
14	清扫工具	不限	1套
15	螺栓固体润滑剂	Molykote g-rapid plus	5kg
16	冷镀锌	冷镀锌Z(灰色)25kg/罐	2罐
17	清洗剂	高效清洗剂(1755EF)400g/罐	10罐

◆ 3 操作步骤

◆ 3.1 停机维护

（1）按下主控柜上面的停机按钮，等待风机切换至停机状态。

(2)旋转主控柜上面的维护钥匙至维护模式,等待并网指示灯熄灭,网侧断路器断开后方可登机操作。主柜停机按钮及维护钥匙如图2.3所示。

图2.3　主控柜停机按钮及维护钥匙

◆ 3.2　塔架螺栓力矩校验

◆ 3.2.1　液压力矩扳手的使用

液压力矩扳手(图2.4)由液压泵和棘轮式液压扭矩扳手两部分组成。操纵高压泵的手柄,液压缸产生推力,经过曲柄系统形成力矩,带动螺母转动一个角度,使扭矩传递到带棘轮装置的内六角套筒上,从而传递给连接螺栓,按要求预紧螺栓。

图2.4　液压力矩扳手的外形

液压力矩扳手的操作:

(1)工作机组的工作压力设定为10 000psi,确认所有与扳手配套的液压元件额定工作压力在1000psi以上。

(2)将液压力矩扳手通过油管与泵站连在一起。检查油管接头是否接紧,泵中是否有油。油管快速接头,公母接头对接,将螺纹套用手拧紧,切忌使用扳手、大力钳等工具将螺栓套紧,否则会引起螺栓变形。

(3)空运转:

①将泵上开关打至"ON"位。

②将泵上遥控器开关打至"STOP"位,按下黄色"SET"按钮(复位按钮),然后在5s内按开

关打至"RUN"位,泵启动,此时即可操作扳手。如果泵在空转,20s后会自动停机,再启动时,仍需重复上述动作。

③如果泵组运行时,因为液压油内溶有气体,调压阀处会有啸叫声,这时将压力调至最低,用遥控开关使其进油、回油,反复多次,再调至原压力即可。

④将遥控开关向前压下不松手,即"RUN"位,扳手进油。此时扳手开始转动,当听到扳手"啪"的一声,则扳手到位停止转动;此时再松手,即为回油位置。当再次听到扳手"啪"的一声,则表示扳手复位完成。重复上述动作即为另一个工作循环,使扳手空运转数圈,观察扳手转动无异常时,即可将扳手放至螺帽上。

⑤扳手不用时,将开关向后压下,即"STOP"位,泵停止。

(4)拆松:

①将泵站压力调至10 000psi,将扳手放在地上,将遥控开关向前压至"RUN"位不松手,另一手调整泵调压阀,使压力表中指针指向700bar。

②确认扳手转向为拆松方向,将扳手放在螺母(或套筒)上,反作用支点找好,靠稳,反复执行步骤(3)项中第①个动作,直至将螺栓拉伸力释放,即可将螺母轻松拆下。

(5)锁紧:

①力矩设定,锁紧时,应首先根据设计的要求来设定力矩。具体做法为:设定力矩=(相关表中数据)×(70%或80%)。如8.8级,M48螺栓,表中数据为400kg·m,则设定力矩为:400×80%=320kg·m。

②泵站压力设定。根据力矩值及所用扳手型号来设定站压力,如上述8.8级,M48螺栓,设定力矩为320kg·m。若用XLT系列扳手,如HY-3XLT扳手,查出对应320kg·m力矩时泵站的压力为496bar。所以泵站压力应设定在496bar。

③确认扳手转向为锁紧方向,将扳手放在螺母上。反作用支点找好,靠稳,反复执行步骤(3)中动作,直至螺母不动。

④取扳手时,如扳手卡紧取不下,切忌用锤敲打,而应将遥控开关向前按下不松手,同时将快速释放杆扳下。然后关机,再取下扳手。

◆ 3.2.2 液压螺栓拉伸器的使用

液压螺栓拉伸器借助液力升压泵(超高压油泵)提供的液压源,根据材料的抗拉强度、屈服系数和伸长率决定拉伸力,利用超高压油泵产生的伸张力,使被施加力的螺栓在其弹性变形区内被拉长,螺栓直径轻微变形,从而使螺母易于松动。另外,它也可以作为液压过盈连接施加轴向力的装置,进行顶压安装(图2.5)。

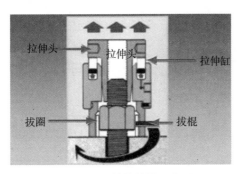

图2.5 液压螺栓拉伸器工作原理

液压螺栓拉伸器的操作步骤如下。

(1)液压螺栓拉伸器的安装操作。

①第1步,保证螺母端面以上足够的螺纹露头长度(图2.6)。螺纹露头长度最小值为1×螺杆直径。例如:M30型螺栓,要求的螺纹露头长度是30mm。同时,应确保预拉伸螺杆底端与螺母预紧啮合。

②第2步,把桥架安装在首批紧固的50%螺栓上安装支撑桥(螺栓编号为B1)。将支撑桥固定在易于与拔圈或螺母连接的位置,在法兰上,桥架开口以法兰盘中心起呈放射状放置,使用与液压螺栓拉伸器配套的拔棍拧紧法兰上的每一个螺母,确保法兰盘紧密接合(图2.7)。

③第3步,检查支撑桥基座,确保平稳放置在法兰盘支撑面上。

④第4步,把油缸安装在首次拉伸50%的螺栓上(图2.8)。确保支撑桥端面与油缸活塞紧密贴合。

⑤第5步,确保拉伸头尺寸、螺纹形式和螺距符合待紧固螺栓规格。将拉伸头安装到螺纹露头部位,使用拔杆将拉伸头顺时针拔至最紧,直到拉伸头顶住油缸(图2.9)。

⑥第6步,拆除所有公母接头上的塑料保护帽。用液压管线把泵和第一个液压螺栓拉伸器连上。回缩母接头上的弹簧加载座,插入公接头,松开弹簧加载座。轻拉管线确保其已正确连接。

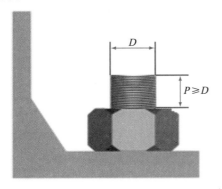
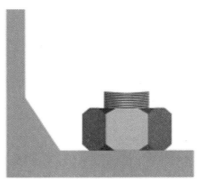

图2.6 螺纹露头长度

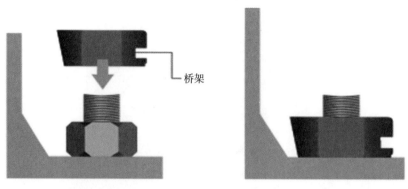

图2.7 支撑桥固定

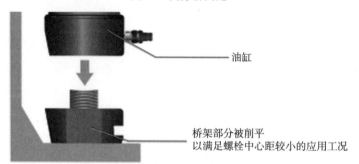

图2.8 油缸安装

⑦第7步,继续安装直到所有液压螺栓拉伸器都连接完毕。最后一个连接的液压螺栓拉伸器留有一个未连接的接头,这才是正确的,此接头可不连接。

(2)PIT单级液压螺栓拉伸器的紧固操作。

①第1步,将系统加压到所需工作压力。达到压力所需值,关闭泵(保持压力)。此时,液压螺栓拉伸器完成了首次拉伸。

②第2步,查看压力表确保压力值保持稳定。当压力稳定时,走近液压螺栓拉伸器,把拨杆插入拉伸桥开口处,顺时针旋转螺母,一旦拨套旋转到桥架的边沿受阻,应拔下拨杆,将其穿入到另一个拨孔,重新顺时针拨动螺母。用拨杆把螺母拧紧,若螺母未拧紧,则应延长拉伸时间。螺母紧固的顺序并不重要,但应确保不漏掉某个螺母,建议最好按顺序紧固(图2.10)。

图2.9 拉伸头安装

图2.10 螺母紧固

③第3步,缓慢释放油压(图2.11)。完全打开泵站的压力释放阀,释放掉系统内的压力。使用拨杆顺时针拨紧拉伸头,直到拉伸头将活塞杆完全压回液压油缸中。

④第4步,重复上述步骤,直至达到螺栓所需拉伸力。继续以下操作。

⑤第5步,活塞杆完全退回到油缸后,即可拆除油管。使用拨杆逆时针释放拉伸头并移除(图2.12)。

图2.11 释放油压	图2.12 拆除油管

⑥第6步,移除油缸及桥架(图2.13)。

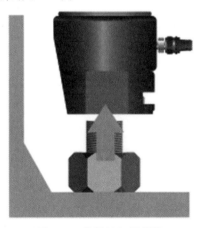

图2.13 移除油缸及桥架

⑦第7步,B1螺栓紧固完成。

⑧第8步,将液压螺栓拉伸器安装到剩余的50%螺栓上(标记为B2)。按以上步骤重复操作(图2.14)。

(3)液压螺栓拉伸器的拆卸操作。

拆卸和紧固螺栓的步骤相差不大,拆卸螺栓时需要特别注意的增加步骤及程序,仔细操作,否则可能会导致螺栓拆松后液压螺栓拉伸器依然跟螺母一起锁死。

检查将要被拆松的螺栓,看其露出来的螺纹部分是否足够长,以免螺纹部分受损,保证从法兰表面或连接体位置出来的螺栓杆露出的螺纹长度至少为普通螺栓杆直径的1倍,这样可以有效保证液压螺栓拉伸器的拉杆与螺栓杆连接的部分啮合的螺牙足够长,拉伸时不会导致螺栓拉"脱扣",该液压螺栓拉伸器设计时也是根据该足够长的螺纹长度而设计的。

如果螺栓已经由液压螺栓拉伸器锁紧,那么螺栓杆上部留出的螺纹长度足够长,螺栓是用液压螺栓拉伸器拆的。然而检查过程是非常重要的,否则如果液压螺栓拉伸器的拉杆与螺杆啮合位置的螺纹长度小于螺栓杆直径长,可能会导致拆螺栓的时候螺纹出现"脱扣"的现象。

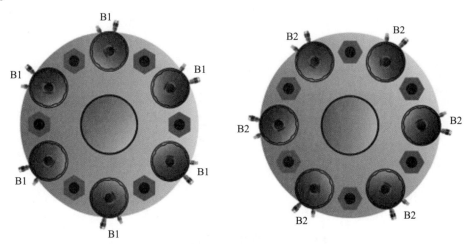

图2.14　紧固顺序

①第1步,把液压螺栓拉伸器安装到螺栓上。拉伸头完全拧紧并安装在活塞杆上。回拧半圈拉伸头使油缸变松。此操作使得泄压时,油缸不会卡死在活塞上。

②第2步,将拨杆通过支撑桥开口插入拨孔。在保证活塞未超过最大行程、压力未超过安全范围的情况下,对系统加压直到法兰螺母可以转动。

③第3步,将每个法兰螺母逆时针拧一圈(即拨圈上的6个孔)。

④第4步泄压,检测法兰螺母是否能自由转动。

⑤第5步,拆除液压螺栓拉伸器。若油缸无法拧松,螺母也已卡紧,则表示油缸已锁在法兰螺母上部;若油缸无法拧松,但螺母能松动,则表示油缸与活塞锁在了一起。

⑥第6步,油缸锁在法兰螺母上部,则表示操作第3步时拧得过松,导致泄压时螺母锁在油缸上。要拆卸油缸或螺母,应重新加压,顺时针转动螺母半圈(即拨圈上的3个孔)。再次泄压时,油缸能自由转动。

⑦第7步,油缸锁在活塞上这种情况通常发生在操作第1步时油缸没有充分拧松,对于螺纹较好的螺栓,拧半圈可能不充分,导致泄压时油缸锁死在活塞上。要拆卸油缸或螺母,应重新加压,将法兰螺母往下旋紧。再次减压时,油缸即能自由转动。拧松油缸半圈,重复第2步到第5步。

◆ 3.3　画防松标记线

（1）对检验合格的螺栓及时做防松标记，以便后期检查。

（2）使用黑色漆油笔（记号笔）做防松标记，同一台机组螺栓的防松标记颜色必须一致为黑色。

（3）防松标记线宽度3~4mm，长度15~20mm。

（4）防松标记在长度方向无间断，防松标记不能画在六角头的棱边上，要求画在标记面的中间部位，靠近内侧。

（5）在做完防松标记后的螺栓或螺母的六角头部，先清除螺母螺栓垫圈上面尘土、污渍，然后涂刷MD-硬膜防锈油，螺栓终拧后立刻执行，要求清洁，均匀、无气泡，如图2.15所示。

图2.15　螺栓防松标记和防腐处理图

（6）每年维护：每个节点抽取不低于10%的螺栓数量，且不少于2个（要求按圆周均布方式抽取，在塔筒法兰面靠近被抽取螺栓的位置做上"△"标记）；再次抽取时选择其他螺栓进行检验。采用施工力矩的90%进行紧固，如发现有一颗螺栓松动（被旋紧达到20°以上），则整个节点的螺栓全部紧固一遍。检修过程中若发现螺栓断裂，需要将断裂螺栓的左右各4颗螺栓更换，将更换下来的螺栓送检。紧固后重新做防松标记，防松标记的颜色需每次不一样。

◆ 3.4　除锈处理

冷喷锌施工流程如下。

（1）第1步，除锈。螺栓表面如果有锈迹，将螺栓表面锈迹用细砂纸打磨干净，形成一定的表面粗糙度。

（2）第2步，清理。将待处理螺栓周围的尘土用毛刷及大布清理干净。

（3）第3步，清洗。用清洗剂及大布将螺栓表面油污彻底清除干净。

（4）第4步，搅拌。打开冷喷锌包装后充分搅拌，使其均匀（水性冷喷锌需先混合再搅拌）。

（5）第5步，涂刷。用毛刷蘸取适量冷喷锌，从上到下均匀涂在螺栓表面，应注意缝隙部位冷喷锌的充分渗透。

（6）第6步，检查。

①外观检测：螺栓表面目视比较匀称、饱满，表面全覆盖。

②螺纹及缝隙处充分填充。

第三部分　学以致用

问题1.简述如何使用力矩扳手。

问题2.校验塔架高强度螺栓所需要的工具有哪些?

问题3.怎样画螺栓防松标记?

任务3 动力电缆定期维护

◆ 1 任务目标

(1)熟悉动力电缆定期维护的内容。

(2)掌握每项内容的工作方法及使用的专业工具。

◆ 2 任务说明

动力电缆是塔架系统的组成部分,是指用来传输电力、通信信号的专用材料,外部包有绝缘保护层,将内部的导线与外部的环境隔离开来。为了保持风力发电机组动力电缆的良好状态和电缆线路的安全、可靠运行,必须对动力电缆定期进行维护。定期维护必须满足作业指导书要求,保证电缆无磨损、无松脱,电缆护套无下滑,电缆夹板不挤压电缆。电缆夹板挤压电缆会使电缆绝缘层变形、损坏,电缆磨损严重将导致电缆对地放电,对维护人员人身安全造成一定程度的伤害。

◆ 3 工作场景

动力电缆定期维护工作场景如图3.1所示。

图3.1 动力电缆定期维护工作场景

第一部分 格物致知

★★★ 通过本部分学习应该掌握以下知识:

(1)熟悉动力电缆结构布置。

(2)掌握动力电缆的固定方法。

◆ 1 动力电缆的结构

风机中动力电缆装配在发电机至塔基之间,长达上百米(图3.2)。按塔筒高度电缆通常由三段或四段组成。

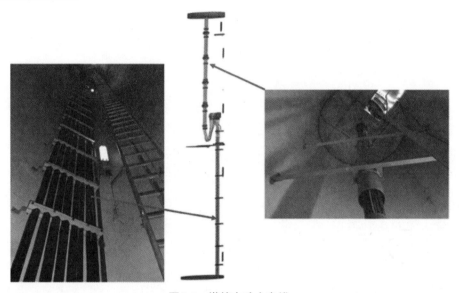

图3.2 塔筒内动力电缆

◆ 1.1 主要装配部分和重要配件

近百米电缆的分段处采用压接铜接头并套双层热塑套管或缠绕防水胶带的方法进行对接,并分组用扎带进行绑扎固定(图3.3)。

电缆从开关柜到塔基的整个路径安装时固定需牢靠,主要装配部分有开关柜(开关柜至密封模块)、内平台(密封模块至内平台电缆过孔)、扭缆段(内平台电缆过孔至马鞍)和固定敷设(马鞍至变流器)等。

◆ 1.1.1 开关柜(开关柜至密封模块)

(1)根据电缆线芯规格及用途选用合适型号的DT接线端子,在铜芯上安装DT端子。开关柜处电缆端子与开关柜铜排采用螺栓连接进行固定。

(2)从开关柜引出的电缆通过支撑框架两端夹板引入密封夹块。

(3)密封夹块将电缆进行夹持,在密封模块处电缆敷设(图3.4)完毕时,需要在密封模块上方加装电缆夹板,用螺栓进行固定安装。

(4)电缆通过密封夹紧组件向下穿入塔筒内。

图 3.3　电缆铜压接管压接和防水胶带防护　　图 3.4　开关柜至密封模块电缆敷设

◆　**1.1.2　内平台（密封模块至内平台电缆过孔）**

（1）内平台段电缆由密封模块引下至环形孔（图 3.5）。密封模块处夹板为承重夹板，安装时必须将该夹板紧固到位。

（2）将动力电缆用扎带绑扎牢固。

（3）安装挂梁固定电缆网兜，提升电缆，防止下坠。

图 3.5　密封模块至内平台电缆敷设示意图

◆　**1.1.3　扭缆段（内平台电缆过孔至马鞍）**

（1）内平台至马鞍桥段为扭缆段，由于长度较长，防止冲撞和摆动，安装电缆护套。

（2）电缆护套固定在挡圈位置，挡圈与塔架固定。

（3）电缆在马鞍桥的弧度要求与动力电缆的弧度一致（图 3.6）。

（4）电缆固定在马鞍桥右侧后延塔壁垂直向下延伸。

◆　**1.1.4　固定敷设段（马鞍至变流器）**

塔架内电缆由夹板进行固定，夹板固定在塔架上。塔架电缆有两种形式：一种为一层夹板，另一种为两层夹板（图 3.7）。

图3.6 内平台电缆过孔至马鞍桥处敷设

图3.7 马鞍至变流器电缆敷设示意图

第二部分 知行合一

★★★ 通过本部分学习应该掌握以下技能:

(1)能够使用手动力矩扳手校验接线端子连接螺栓力矩,要求误差≤5%。

(2)能够检查和维护电缆护套、电缆夹板,要求维护后电缆护套无松脱和下滑,电缆夹板不挤压电缆。

(3)能够紧固和绑扎扭缆电缆,要求电缆无磨损、无松脱。

(4)能够通过目测检查出动力电缆接头处的灼烧痕迹。

◆ 1 安全要求

(1)紧固电缆夹板及电缆护圈,须穿安全、衣挂双钩,挂限位绳。

(2)维护动力电缆时,须锁定叶轮、验电。

(3)使用手拉葫芦时注意防止夹手。

(4)使用力矩扳手时,防止力矩扳手掉落。

(5)使用力矩扳手时,防止力矩扳手滑脱砸伤人。

◆ 2 工具及耗材

动力电缆定期维护所需工具及耗材见表3.1。

表3.1 工具及耗材

序号	工具/耗材	型号/规格	数量
1	力矩扳手	60~340N·m	2把
2	开口扳手	13件套	2把
3	活动扳手	8#	2把
4	斜口钳	不限	2把
5	扎带	500mm	若干
6	手拉葫芦	5~10t	1套
7	吊带	5~10t	2条
8	万用表	不限	1台

◆ 3 操作步骤

◆ 3.1 停机维护

（1）按下主控柜上面的停机按钮,等待风机切换至停机状态。

（2）旋转主控柜上面的维护钥匙至维护模式,等待并网指示灯熄灭,网侧断路器断开后方可登机操作,如图3.8所示。

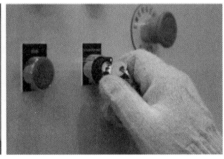

图3.8 主控柜停机按钮及维护钥匙

◆ 3.2 校验接线端子连接螺栓力矩

◆ 3.2.1 手动扭矩扳手的调节

手动扭矩扳手的预设扭矩值是可调的,使用者可根据需要进行调整,如图3.9所示。使用扳手前,先将需要的实际拧紧扭矩值预置到扳手上,当拧紧螺纹紧固件时,若实际扭矩与预紧扭矩值相等,扳手发出"咔嗒"报警响声,此时立即停止扳动,释放后扳手自动为下一次自动设定预紧扭矩值。扭矩扳手手柄上有窗口,窗口内有标尺,标尺显示扭矩值的大小,窗口边上有标准线。

图3.9　手动扭矩扳手

当标尺上的线与标准线对齐时,那点的扭矩值代表当前的扭矩预紧值。设定扭矩预紧值的方法是,先松开扭矩扳手尾部的尾盖,然后旋转扳手尾部手轮。管内标尺随之移动,将标尺的刻线与管壳窗口上的标准线对齐,如图3.10所示。

首先必须将凹槽锁环调至"UNLOCK"状态,为此需单手握住手柄,然后顺时针转动锁环直至末端;转动手柄,直至手柄上部的"0"刻度与所需设置扭力值所对应的中线重合。若所需扭力值在两个示值之间,则继续转动手柄,直至扳手杆上示值之和等于所需设置扭力值。若锁紧扳手,则应单手握住手柄,然后逆时针转动锁环直至末端,如图3.11所示。

本册内容以东风FD1500系列机组传动系统为例,讲解传动系统定期维护内容。

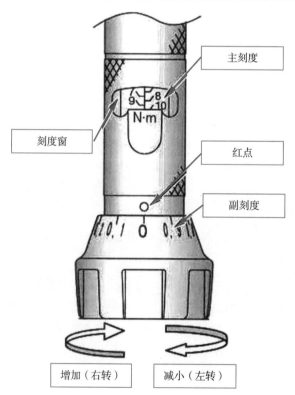

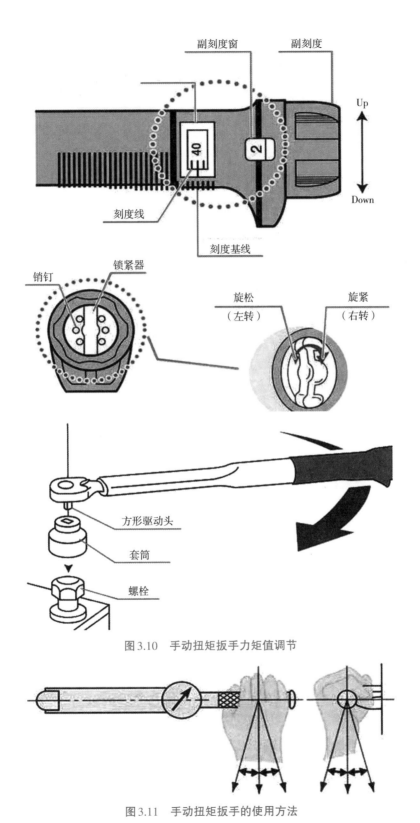

图3.10　手动扭矩扳手力矩值调节

图3.11　手动扭矩扳手的使用方法

◆ 3.2.2 力矩扳手的使用方法

将套筒紧密安全地固定在力矩扳手的方头上，然后将套筒置于紧固件上，不可倾斜。施力时，手紧握住手柄中部，并垂直于手柄方向施力，而且方头、套筒及紧固件应在同一平面上。

◆ 3.2.3 力矩值清单

力矩值见表3.2。

表3.2 力矩值对照表

单位：N·m

序号	规格	碳钢4.8级		碳钢8.8级		A2不锈钢70级	
		紧固力矩	检查力矩	紧固力矩	检查力矩	紧固力矩	检查力矩
1	M5					3	2.5
2	M6			8	6.8	9	7.5
3	M8	8~11	6~9	20	17	20	17
4	M10	17~23	14~19	40	34	40	34
5	M12	30~40	25~34	70	60	55	46
6	M14	50~60	42~51	90	76	100	85
7	M16	78~98	66~83	120	100	150	125
8	M18	98~127	83~108			180	150
9	M20	157~196	133~167			220	185

◆ 3.3 电缆本体检查

◆ 3.3.1 开关柜

(1)查看发电机开关柜(图3.12)侧动力电缆接头绝缘层防护有无破损，发热变色，发电、烧灼痕迹。

(2)查看线鼻子是否压接牢固，如有松动需从新压接。

(3)PG锁母紧固如有松动，需用力矩扳手进行紧固。

◆ 3.3.2 扭缆电缆

扭缆电缆如图3.13所示。

(1)查看电缆表面有无杂物灰尘，如有，清洁杂物、灰尘。

(2)查看电缆是否绑扎牢固，扎带是否断裂、磨损，如有损坏，更换新扎带，利用斜口钳从新绑扎。

(3)查看电缆与塔架梯子有无接触摩擦，如有磨损，使用胶皮进行防护处理。

(4)手动拉拽测试电缆有无下滑扭曲，如有，重新调整并固定。

（5）检查马鞍桥处电缆弧下垂端距平台表面距离是否满足（300±50）mm，如有，重新调整电缆后进行固定。

（6）查看马鞍架上衬垫胶皮有无滑脱、磨损。如有，调整胶皮或更换胶皮。

图3.12 开关柜

图3.13　扭缆电缆

3.3.3　电缆接头

（1）测试电缆接头是否压接牢固，绝缘防护有无破损，如有问题，需重新制作电缆接头。

（2）目测电缆头有无发热变色、老化、鼓包、龟裂、烧灼等痕迹，如有，需重新制作电缆接头。

（3）查看电缆是否绑扎牢固，轧带是否断裂、磨损，如有损坏，更换新轧带，利用斜口钳从新绑扎。

3.4　电缆固定检查

3.4.1　电缆护圈

将机组偏航至扭缆垂直舒展，检查偏航制动平台下第一个和电梯到达平台过孔处两个尼龙电缆护套必须保证夹紧螺栓预紧，电缆护套与电缆无相对运动。

（1）目测查看电缆绝缘层有无磨损，如有，调整后进行防护。

（2）目测电缆护套固定在挡圈位置有无下滑，是否在护套挡圈中间位置，如果不符合要求，请调整电缆护套在中间位置，用开口扳手或活动扳手紧固电缆护套螺栓。

（3）目测检查电缆护圈（图3.14）支架有无变形、开裂现象，如有，调整支架或更换。

（4）手动检查电缆护套上的螺栓有无松动，如有，松动利用开口扳手或活动扳手进行紧固。

（5）查看电缆护套和电缆衔接处的老化现象，是否有机械磨损和鼓包现象。

（6）扭缆段由于长度较长，长期经受冲撞、摆动和电缆护套磨损，易出现机械损伤，另外还要检查电缆护套和电缆衔接处的老化、机械磨损和鼓包现象。

图3.14 电缆护圈

◆ **3.4.2 电缆夹板**

(1)查看电缆夹板有无老化、裂纹,如有问题,需更换夹板。

(2)用开口扳手查验螺栓是否松动,如有,进行紧固。

(3)通过查看白色记号线查看固定在电缆卡槽内电缆是否从夹板中滑脱,如有,进行调整。

(4)查看电缆是否在夹板中有挤压痕迹,如有,调整电缆在夹板的位置。

第三部分 学以致用

问题1. 简述接线端子力矩校验的步骤。

问题2. 电缆夹板的维护项目有哪些?

问题3. 扭缆电缆的定期维护项目有哪些?

参考文献

[1]2.XMW全生命周期维护手册·陆上.

[2]金风2.0MW机组整机维护手册(变桨驱动器I型、变流器I型).

[3]QGW 2CGJGJ.1-2017金风系列风力发电机组紧固件施工防腐技术要求-D(2).

[4]GW-12FW.0008_金风2.0MW机组整机机械安装手册(国内通用)_归档版_G.

[5]凯特克扭力扳手使用说明.

[6]普锐马液压拉伸器操作与维护手册.

[7]3S lift免爬器使用及日常维护说明书.

[8]3S lift助爬器使用及日常维护说明书.

[9]3S lift塔筒升降机操作与安装手册.

[10]金风2.0MW机组整机机械安装手册(国内通用).

[11]GW-12FW.0009_归档版_B-2.0.

[12]金风GWV22平台现场电气安装手册.

[13]金风2.0MW机组发电机开关柜动力电缆防下滑电缆夹板更换作业指导书.

[14]东方汽轮机有限公司的风力发电机日常保养/维护手册.

图书在版编目（CIP）数据

风力发电机组运维职业技能教材：初级/新疆金风科技股份有限公司组织编写.—北京：知识产权出版社,2022.8

ISBN 978-7-5130-8209-9

Ⅰ.①风… Ⅱ.①新… Ⅲ.①风力发电机－发电机组－运行－职业培训－教材②风力发电机－发电机组－维修－职业培训－教材 Ⅳ.①TM315

中国版本图书馆CIP数据核字（2022）第101091号

内容提要：

本书以"碳中和"为背景，主要聚焦风力发电机组运维岗位群定期维护职业技能，以风力发电机组的叶轮、发电机、变流、液压、偏航、传动、主控及塔架八大系统划分定期维护工作领域，以活页的形式展示每个系统定期维护的核心工作任务及技能要求，包括理论知识介绍、安全注意事项、工具使用说明、操作步骤等内容，并配以大量风力发电机组零部件图片和工作场景等照片，让读者能够最大限度体验真实工作场景。本书可供风力发电工程与技术专业学生、风力发电行业人员及相关工程技术人员参考使用。

责任编辑：张　珑　　　　　　　　　　责任印制：刘译文

风力发电机组运维职业技能教材（初级）

新疆金风科技股份有限公司　组织编写

出版发行	知识产权出版社 有限责任公司	网　址	http://www.ipph.cn
电　话：010-82004826			http://www.laichushu.com
社　址：北京市海淀区气象路50号院		邮　编：100081	
责编电话：010-82000860转8574		责编邮箱：laichushu@cnipr.com	
发行电话：010-82000860转8101		发行传真：010-82000893	
印　刷：三河市国英印务有限公司		经　销：新华书店、各大网上书店及相关专业书店	
开　本：720mm×1000mm　1/16		印　张：18.5	
版　次：2022年8月第1版		印　次：2022年8月第1次印刷	
字　数：392千字		定　价：69.80元	

ISBN 978-7-5130-8209-9